清华社"视频大讲堂"大系

CG 技 术 视 频 大 讲 堂

PPT+Photoshop
+AIGC
创意演示设计速成

倪 栋⊙编著

U0228513

清华大学出版社

北 京

内 容 简 介

本书讲解使用PPT（基于WPS）和Photoshop结合人工智能工具ChatGPT和Mindshow通过AIGC进行创意演示设计。全书分为入门篇和案例篇，内容涵盖创意演示设计的多个方面，包括PPT的制作流程和配色设计、Photoshop软件基础、人工智能在PPT制作中的应用以及大量实战案例，旨在帮助读者掌握创意演示设计的基本理论知识，以及各种技巧和方法，以提高制作PPT的能力。

本书不仅适合初学者学习PPT制作的基础知识，也适合有一定经验的PPT设计人员进一步提升制作水平。书中的精彩案例都有配套高清视频讲解，方便读者观摩并跟随练习。本书内容丰富、实用，是一本不可多得的PPT设计学习参考用书。

图书在版编目（CIP）数据

PPT+Photoshop+AIGC 创意演示设计速成 / 倪栋编著 .

北京：清华大学出版社，2024.9. —（清华社"视频大讲堂"大系 CG 技术视频大讲堂）. -- ISBN 978-7-302 -67408-5

Ⅰ．TP18；TP391.413

中国国家版本馆 CIP 数据核字第 2024VW4602 号

责任编辑：贾小红
装帧设计：文森时代
责任校对：马军令
责任印制：刘海龙

出版发行：清华大学出版社
    网 址：https://www.tup.com.cn，https://www.wqxuetang.com
    地 址：北京清华大学学研大厦 A 座   邮 编：100084
    社 总 机：010-83470000   邮 购：010-62786544
    投稿与读者服务：010-62776969，c-service@tup.tsinghua.edu.cn
    质量反馈：010-62772015，zhiliang@tup.tsinghua.edu.cn
印 装 者：三河市天利华印刷装订有限公司
经 销：全国新华书店
开 本：203mm×260mm   印 张：14   字 数：551 千字
版 次：2024 年 10 月第 1 版   印 次：2024 年 10 月第 1 次印刷
定 价：98.00 元

产品编号：101269-01

本书编委会

主　任

倪　栋　湖南大众传媒职业技术学院

执行单位

文森学堂

委　员

彭　婧　湖南大众传媒职业技术学院

邓可可　湖南大众传媒职业技术学院

雷梦微　湖南大众传媒职业技术学院

杨姝敏　长沙民政职业技术学院

唐　楷　湖南大众传媒职业技术学院

李夏如　湖南大众传媒职业技术学院

周　莉　湖南大众传媒职业技术学院

王师备　文森学堂

仇　宇　文森学堂

李依诺　文森学堂

前言
Preface

  PPT是PowerPoint的英文缩写，是演示文稿的一种格式，因为PPT的普及程度非常高，各类演示文稿格式也被大众普遍称为PPT。演示文稿是用文字、形状、色彩等，配合动画将内容直观、形象地展示给观众，在教育培训、工作汇报、产品推广、方案展示等领域有着非常广泛的应用。

  本书分为两篇（入门篇、案例篇），共计20课，旨在让读者快速掌握PPT制作的技能，成为一名优秀的PPT设计制作人员。

本书特色

  ◆ 内容丰富，结合人工智能，涵盖了PPT设计制作的多个方面，让读者从入门到实战，进行全方位学习。

  ◆ 实例练习和综合案例充分考虑了实际项目的需求，让读者可以学以致用。

  ◆ 图文并茂，让读者可以更直观地了解所学知识。

  ◆ 作者拥有多年的PPT设计制作经验，可以为读者提供专业的指导和建议。

本书内容

  入门篇主要讲解创意PPT制作的流程和所需软件的使用方法，以及人工智能工具ChatGPT和Mindshow在PPT制作中的应用方法，学完本篇，读者便可以应对一般的PPT设计制作工作。

  案例篇主要讲解大量的实战案例，通过案例详细介绍了结合人工智能工具设计创意PPT的方法，使读者的PPT的设计制作能力迈上新的台阶。

适合读者

  ◆ 对PPT设计和人工智能工具感兴趣的初学者。

  ◆ 掌握PPT设计基础知识，希望进一步提升的设计师和制作人员。

  ◆ 从事PPT设计工作，希望进一步提高技能和水平的人员。

如何使用本书

  读者可以按照本书内容的顺序一步步进行学习，也可以根据自己的需求选择感兴趣的章节进行学习。本书包含基础知识、使用方法和案例练习，读者可以通过阅读本书并结合实际操作来掌握所学知识。

  ◆ 实例练习：将帮助读者掌握各种软件的操作基础，为成为一名优秀的PPT设计师奠定坚实的基础。

  ◆ 综合案例：让读者了解如何应用软件技能和设计知识，完成真实的设计项目。

◆ 作业练习：为读者提供更多的练习机会，帮助读者巩固所学知识，加强设计技能。

读者可以关注"清大文森学堂"微信公众号，进入"清大文森学堂—设计学堂"，进一步了解课程和培训。老师可以帮助读者批改作业、完善作品，进行直播互动、答疑演示，提供"保姆级"的教学辅导，为读者梳理清晰的思路，矫正不合理的操作，以多年的实战项目经验为读者的学业保驾护航。

结语

本书由湖南大众传媒职业技术学院的倪栋老师编著，文森学堂提供技术支持。另外，湖南大众传媒职业技术学院的彭婧、邓可可、雷梦微、唐楷、李夏如、周莉老师，以及长沙民政职业技术学院的杨姝敏老师也参与了本书的编写工作。其中，倪栋负责A01课和A02课的编写及全书的统稿工作，邓可可负责A03课和A04课的编写工作，彭婧负责A05课至A07课的编写工作，雷梦微负责A08课和A09课的编写工作，唐楷负责B01课至B03课的编写工作，李夏如负责B04课和B05课的编写工作，周莉负责B06课至B08课的编写工作，杨姝敏负责B09课至B11课的编写工作。文森学堂的王师备、仇宇、李依诺负责全书的素材整理及视频录制工作。

希望通过本书的出版，可以为读者提供一个全面、系统、实用的PPT设计学习指南，让读者可以快速掌握PPT设计制作的技能，为自己的事业发展添砖加瓦。

如果您有任何建议或者意见，欢迎联系我们，我们会尽力做得更好，为您提供更好的学习体验。

祝愿大家学有所成！

观看视频

素材下载

文森学堂

目录
Contents

B　案例篇　进阶操作 案例讲解

A 入门篇

基本功能 基础操作

本篇从 PPT 概述入手，介绍制作软件和基本设置。了解 PS 核心功能，了解 AI 工具 ChatGPT 和 Mindshow 的使用方法。学会创意 PPT 制作流程，包括文案、风格、设计元素、页面、动画效果，掌握配色技巧。

扫码观看视频课

A01.1　PPT 的概念

　　PPT，即 PowerPoint 的英文缩写，是由微软公司开发的一款用于制作幻灯片和简报的软件，通常被称为"演示文稿"。演示文稿可以为静态文件添加动态效果，从而更生动、简单地传达或解释信息。

　　PPT 通常与投影仪、计算机等设备配合使用，已经成为人们工作和生活不可或缺的一部分。在教学培训、企业宣传、工作总结等领域，PPT 都扮演着举足轻重的角色，如图 A01-1 所示。

图 A01-1

资料来源：pixabay.com

图 A01-1（续）

　　一套完整的 PPT 文件通常包括片头动画、封面、前言、目录、过渡页、图表页、图片页、文字页、封底、片尾动画等，如图 A01-2 所示。

图 A01-2

PPT 的制作流程一般分为如下 5 个步骤。

（1）根据主题方案，梳理文案信息，确定标题层级和正文内容。

（2）准备素材，根据已经梳理的项目主题来设计演示文稿中需要的图片、声音、动画等文件。

（3）确定方案，对演示文稿的色彩、素材、排版、文字信息等整个构架做一个设计构思。

（4）开始制作，将文本、图片素材等对象插入相应的幻灯片，并设置幻灯片中相关对象的动画效果、字体大小、样式等，对幻灯片进行装饰处理。

（5）播放输出，播放幻灯片，检查效果，满意后即可输出文件。

A01.2　制作 PPT 的软件

有 3 种常见的制作 PPT 的软件可供选择。

1. 金山公司的 WPS

WPS 是一款可免费下载的软件，如图 A01-3 所示。WPS 支持在多种系统平台使用，如 Windows、macOS、iOS、Android、Linux。它兼容格式多且支持灵活转换，支持云端备份，支持多人实时查看、编辑。除了演示文稿，它还可以创建文字、表格、PDF、在线文档、设计、流程图、思维导图、表单等。

图 A01-3

本书基于金山公司的 WPS Office 和 Adobe 公司的 Photoshop 软件搭配进行讲解，主要以大量的项目案例进行讲解，从案例中学习，从案例中实践。只有不断地练习和创作，才能积累经验和技巧，发挥最高的创意水平。

2. 微软公司的 PowerPoint（PPT）

PowerPoint 是目前应用最广泛的演示文稿的软件，如图 A01-4 所示。其他软件的文件也可以打开或存储为 PPT 格式。但是微软公司的 PPT 软件需要付费使用，其价格取决于用户选择的版本。

3. 苹果公司的 Keynote

Keynote 是一款完全免费的软件，是专为苹果用户而设计的，如图 A01-5 所示。非苹果用户也可以在浏览器中打开 iCloud 的官网，登录 iCloud 账号，即可使用网页版的

Keynote 软件。Keynote 是 iWork 工具软件套装中的一部分，其中还包括 Pages 和 Numbers。该软件界面简洁，同时也可以轻松制作各种炫酷的动画效果。

图 A01-4

图 A01-5

A01.3　PPT 的设置

1. PPT 的界面布局

在使用软件时，先要熟悉操作界面。PPT 的界面分为 5 个部分，分别是标题栏、菜单栏、幻灯片/大纲窗格、编辑区、状态栏和视图工具，如图 A01-6 所示。

◆ 标题栏：单击【新建】按钮+，选择【演示】选项即可创建新演示文档，标题栏中会显示演示文档的名称。
◆ 菜单栏：菜单栏左侧为【快速访问】按钮，如图 A01-7 所示。可以快速地对 PPT 进行基础操作。在菜单栏内单击不同的选项，会显示不同的操作工具。
◆ 幻灯片/大纲窗格：可查看所有幻灯片和切换幻灯片。
◆ 编辑区：可以编辑演示文稿的内容。
◆ 状态栏和视图工具：在状态栏中可以查看 PPT 的页数，一般情况下，演示文稿默认是"普通视图"。还可以在此调整是否备注模板，快速切换"幻灯片浏览"和"阅读"视图，以及调整放映方式、页面缩放比例。

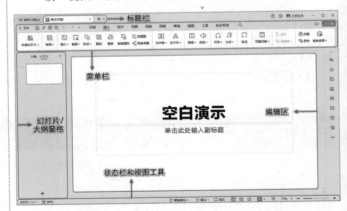

图 A01-6

图 A01-7

2．创建新演示文档

　　打开 WPS 软件，单击左侧的【新建】按钮，在弹出的【新建】窗口中选择【演示】选项，如图 A01-8 所示。在【新建演示文稿】中单击【空白演示文稿】按钮，即可创建一个新的演示文档，如图 A01-9 所示。

图 A01-8

图 A01-9

也可以在桌面上单击鼠标右键，在弹出的菜单中选择【新建】-【PPT 演示文稿】选项，如图 A01-10 所示。

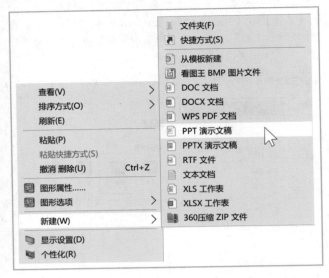

图 A01-10

3．设置 PPT 尺寸

执行菜单栏中的【设计】-【幻灯片大小】命令，可以设置常规比例为标准（4：3）或宽屏（16：9），如图 A01-11 所示。当放映 PPT 时，常规幻灯片的大小无法满足特定放映环境，可以自定义设置幻灯片大小，单击【自定义大小】按钮，在弹出的【页面设置】对话框中，对当前演示文稿中的幻灯片的大小、方向等进行设置，如图 A01-12 所示。

4．PPT 中的母版

母版是 PPT 自带的强大功能，母版设置得好，可以大幅地提升 PPT 的制作效率，并且能够重复使用。例如，每一张幻灯片上显示的元素，如文本占位符、图片、动作按钮等，都可以包含在母版中。用户可以制作出多种形态的母版，并保存为模板，在后期制作其他 PPT 时可继续使用该模板。

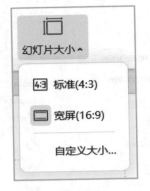

图 A01-11

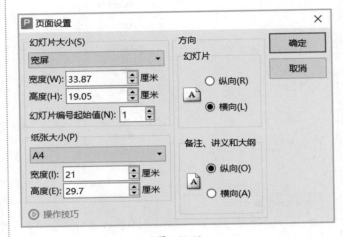

图 A01-12

母版的制作在开始时就要进行设置，它决定着幻灯片的"背景"。若想要更改母版，可执行菜单栏中的【设计】-【母版】命令，如图 A01-13 所示。除此之外，母版还决定着幻灯片的字体、颜色、背景格式、动画效果等。

母版又分为"主母版"和"版式母版"，如图 A01-14 所示。如果更改了"主母版"，则所有页面都会发生改变，如图 A01-15 所示。

图 A01-13

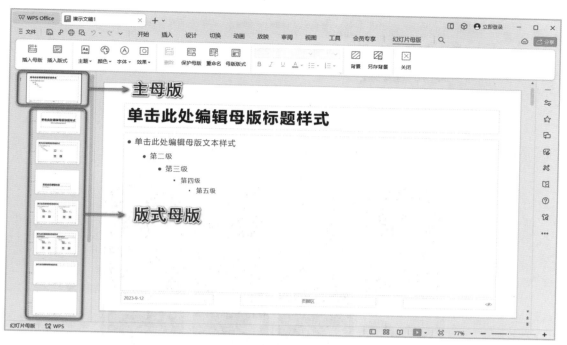

图 A01-14

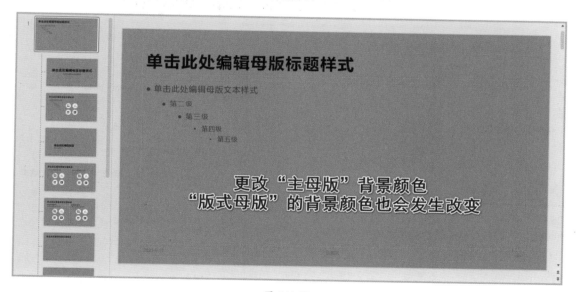

图 A01-15

5. 插入图片

在 PPT 中插入图片的方法有两种。

（1）在菜单栏中执行【插入】-【图片】命令，可选择【本地图片】【分页插图】【手机图片/拍照】等方式进行图片的插入。

（2）选择图片，当光标变成 时，将图片拖曳到演示文稿中，松开鼠标即可完成图片的插入。WPS 还提供了稻壳图片平台，可以在网页上搜索相关主题图片，单击即可插入，如图 A01-16 所示。

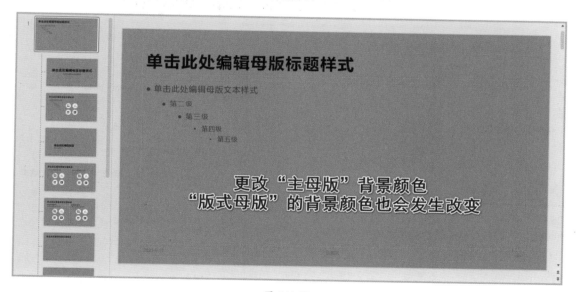

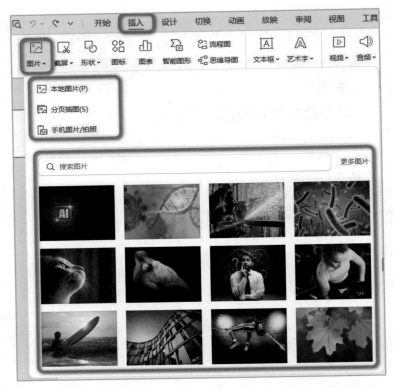

图 A01-16

- ◆ 本地图片：单击此按钮，即可插入当前计算机硬盘存放的图片。
- ◆ 分页插图：单击此按钮，即可选取多张图片并将图片素材分页批量插入演示文档。
- ◆ 手机图片/拍照：单击此弹出选项框，即可扫码登录WPS并添加设备，将照片上传到演示文档中。

6. 插入形状、图标、表格、图表

在 WPS 演示文稿中除了插入图片，还可以插入图案形状、图标和图表，这些都可以起到画龙点睛的作用，插入的方法很简单，具体操作方法如下。

◆ 插入形状

在菜单栏中单击【插入】-【形状】按钮，即可看到WPS 中提供的基本预设形状，如图 A01-17 所示。选择所需要的形状，在 PPT 中绘制即可，如图 A01-18 所示。

◆ 插入图标

在菜单栏中单击【插入】-【图标】按钮，可以看到WPS 提供了大量不同种类的图标，部分图标需要成为稻壳会员才能使用，如图 A01-19 所示。

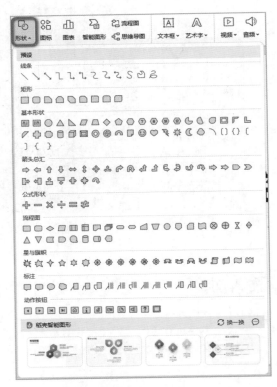

图 A01-17

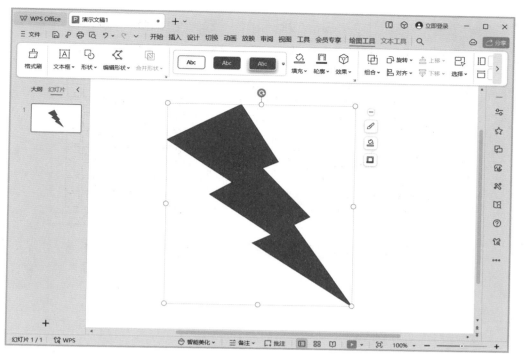

图 A01-18

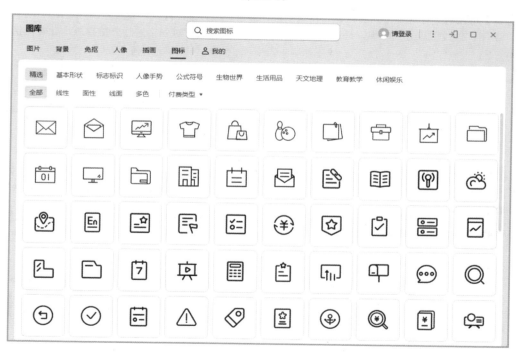

图 A01-19

◆ 插入表格

在菜单栏中单击【插入】-【表格】按钮。在下拉表格中，可以自定义选择所需行和列进行添加，如图 A01-20 所示。

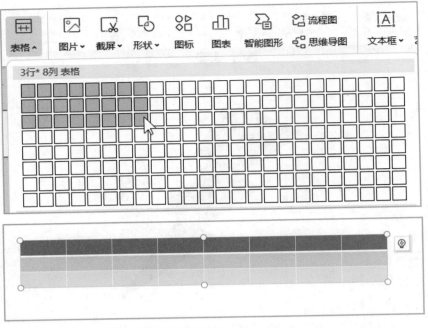

图 A01-20

单击表格右侧的【表格美化】按钮,可以对表格样式快速进行设置。在【表格样式】处可以更换表格样式预设;【行强调】和【列强调】可以对某行或者某列的内容在样式上进行强调。选择强调样式,设置强调行数即可;【转为图表】可将数据以柱形图、饼图、折线图等方式呈现。最后,单击【一键排版】按钮,对表格进行一键排版,让数据清晰地呈现,如图 A01-21 所示。

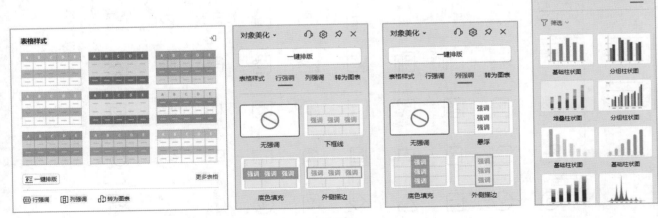

图 A01-21

◆ 插入图表

WPS 演示文稿中的图表类型包含柱形图、折线图、饼图、条形图、面积图、散点图、股价图、雷达图、组合图以及其他图表等,如图 A01-22 所示。

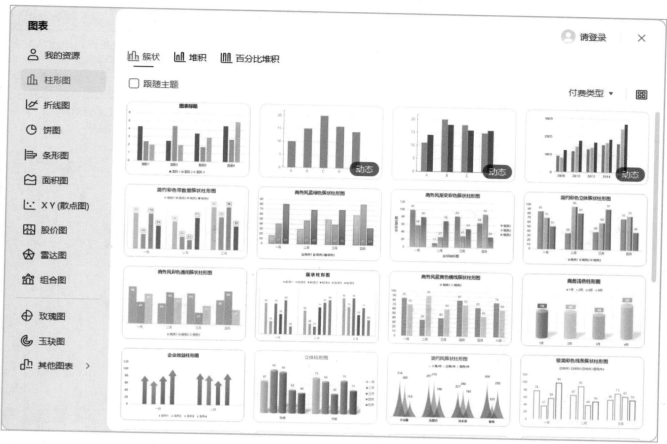

图 A01-22

在菜单栏中单击【插入】-【图表】按钮 ⊕，选择一个图表插入，此处可选择插入柱形图，这样图表就被插入 PPT 文稿中了，其他类型的图表也是采用同样的操作方法，效果如图 A01-23 所示。

若要编辑图表中的数据，可在菜单栏中单击【图表工具】-【编辑数据】按钮 ⊟，此时自动打开"WPS 演示中的图表"文件，如图 A01-24 所示。修改此表格中的数据，单击【保存】按钮，PPT 中的图表会根据数据表中的数据进行改变。

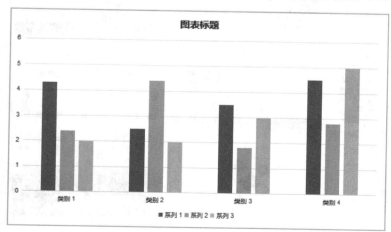

图 A01-23

C4			f_x	1.8	
▲	A	B	C	D	E
1		系列 1	系列 2	系列 3	
2	类别 1	4.3	2.4	2	
3	类别 2	2.5	4.4	2	
4	类别 3	3.5	1.8	3	
5	类别 4	4.5	2.8	5	
6					

图 A01-24

7．PPT 的动画设置

完成演示文稿的排版后，可以为文稿添加动画效果，以增强其视觉效果和交互性。

首先在菜单栏中单击【动画】-【动画窗格】按钮，打开【动画窗格】面板，选中幻灯片中的某个元素，再单击【添加效果】按钮为某元素添加动画效果，如图 A01-25 所示。

8．PPT 的动画设置原则

在 PPT 演示文稿中，炫酷的动画效果可以快速激发观看者的热情和积极性，赢得认同感。PPT 中的动画并非越华丽越好，而是要结合当前主题，选择一种合适的风格。除此之外，不同页面的切换方式以及不同页面当中的动画，应当保持一致，如图 A01-26 所示，其中设置的动画风格要与 PPT 文稿内容和使用场景相互匹配。

图 A01-25

图 A01-26

另外，对于设置一些动画的时长要进行控制，以防止时间过长造成的等待时间，也要防止时间过短导致动画效果不明显、演示内容不清楚。

添加动画效果的四个原则如下。

◆ 醒目原则

在一个页面内，动画效果一般不要超过两个。因为动画本身就会引起观看者的注意，所以过多的动画会使人产生混乱。另外，如果一个页面的内容较多，要强调并突出某一内容时，可将最重要的内容添加动画效果，达到重点内容突出强调的效果。

◆ 简洁原则

不必过于精心地制作每一个动画，缓慢的动画会消耗观看者的耐心。对于动画的速度尽量不用缓慢动作，谨慎使用中速动作，多用快速动作。

◆ 逻辑原则

在添加动画效果时要符合逻辑。让内容根据逻辑顺序出现，观感会更为舒适。例如，并列关系同时出现，层级关系可按照从左到右、从上到下的顺序出现。

◆ 创意原则

可以将多种动画进行组合。进入动画、推出动画、强调动画、路径动画，这四种动画的不同组合可千变万化。可以根据主题内容，组合不同的动画效果，完成创意动画效果的制作。

A01.4　PPT 的放映和输出

在某些情况下需要对幻灯片进行放映和输出，WPS 为我们提供了以下几种放映方式和输出类型。放映类型分为演讲者放映（全屏幕）和展台自动循环放映（全屏幕）。输出类型分为输出为 PDF、输出为视频、输出为图片、输出为 PPT 格式和输出为其他格式。

1. PPT 的放映

若需要在演出或会议等场景进行放映、预览或汇报演示文件时，可以提前设置放映模式。执行菜单栏中的【放映】命令，可选择手动放映或自动放映，如图 A01-27 所示。

图 A01-27

执行菜单栏中的【放映】-【放映设置】命令，即可弹出【设置放映方式】对话框，如图 A01-28 所示。

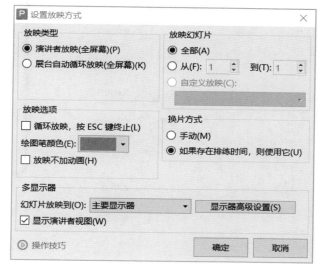

图 A01-28

可以设置幻灯片的放映类型、多显示器放映、换片方式等。

◆ 演讲者放映（全屏幕）：由演讲者控制演示文稿是否换页等操作。
◆ 展台自动循环放映（全屏幕）：展台系统自动循环放映。

2. PPT 的输出

为满足不同场景的使用需求，PPT 有多种输出格式，以便在不同的环境下正常放映。执行菜单栏最左侧的【文件】命令，弹出下拉菜单，即可看到一些输出命令，如图 A01-29 所示。

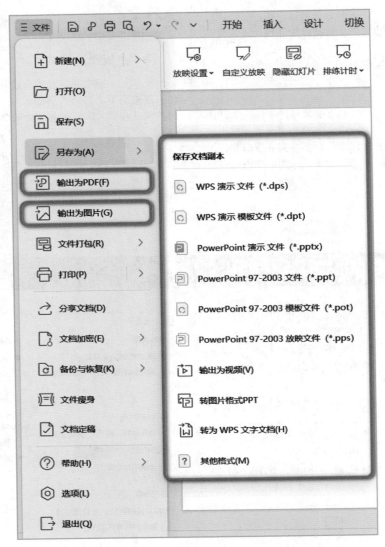

图 A01-29

◆ 另存为：将目标演示文稿另外储存，另存为功能为我们修改并保存文件提供了多种方法。

◆ 输出为PDF：PDF是一种可移植文档文件格式，该格式在任何设备上都能查看且保持原有的版式。

◆ 输出为图片：执行【输出为图片】命令，弹出"批量输出为图片"对话框，如图A01-30所示。设置输出图片的方式、范围、格式、品质、颜色、目录等，单击【开始输出】按钮即可将演示文档输出为图片。

◆ 输出为视频：输出为视频后，PPT的效果不会发生变化，依然会播放动画效果、嵌入的视频、音乐或语音旁白等内容。执行菜单栏中的【文件】-【另存为】-【输出为视频】命令，设置存储地址，单击【保存】按钮，即可将文档输出为*.webm格式的视频文件，如图A01-31所示。查看视频效果，如图A01-32所示。

图 A01-30

图 A01-31

图 A01-32

总结

　　PPT 已经被广泛应用于各个行业，是生活和工作中的必备软件。通过本课的学习，我们熟悉了软件的工作界面，也了解了制作 PPT 的一些基本准则，开启了学习使用软件的第一步，接下来让我们继续学习吧！

读书笔记

要想制作的 PPT 文稿更具有创意性，就需要学会一款设计软件，这款软件的名称叫作 Photoshop，简称 PS，是 Adobe 公司开发的一款图像处理软件，也是其产品系列 Creative Cloud 中的重要软件之一，图 A02-1 所示为 Creative Cloud 的部分设计软件。

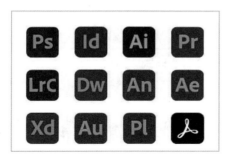

图 A02-1

Photoshop 可以说是 PPT 的最佳辅助软件，它拥有一些 PPT 中没有的效果工具，可以使幻灯片更具有创意性和吸引力。本课将带领读者学习 Photoshop 基础知识，了解主界面，了解术语和概念。读者通过本课将学会使用基本工具，包括图层、选区、填充、蒙版等。

A02.1　认识 PS 界面

为了得到最佳印刷效果，本书采用软件的浅色界面进行讲解，执行【编辑】-【首选项】-【界面】命令，弹出【首选项】对话框，在【界面】-【外观】-【颜色方案】下设置工作区域的亮度为浅色。在实际使用过程中，可根据自己的喜好进行设置。

默认的 Photoshop 主界面：最上面的是菜单栏，其下面是选项栏，左边的是工具栏，中间的是工作面（文档区域），右边的是面板，如图 A02-2 所示。

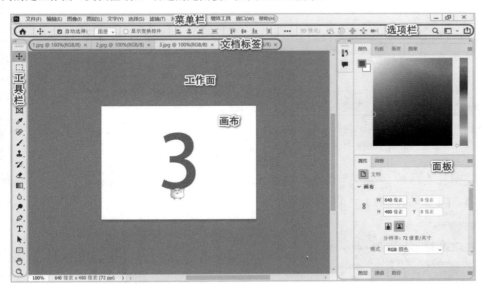

图 A02-2

A02.2　PS 界面特性

本课主要讲解菜单栏、工具栏、选项栏、工作面和面板的作用。

1．菜单栏

Photoshop 的顶部是一排菜单命令，单击每个菜单按钮，会弹出下拉菜单，有的菜单还会有二级菜单，甚至三级菜单。常用的图像处理命令基本上都可以在菜单里找到。

2．工具栏

各种工具都存放在工具栏中，这些工具就是用来处理图像的，如图 A02-3 所示。

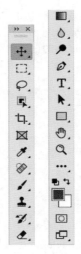

扩展知识

单击【编辑】菜单、工具栏或工具栏上的按钮 ⋯ ，可以自定义工具栏。只需列出常用工具，以符合自己的使用习惯即可。

3．选项栏

选项栏是调节工具参数的面板，例如，选择【画笔工具】后，可以在选项栏中调节画笔的大小、模式等，如图 A02-4 所示。

图 A02-3

图 A02-4

可以移动选项栏，也可以将其关闭。可以通过选中或取消选中【窗口】菜单中的【选项】复选框，开启或关闭对选项栏的显示。

4．工作面（文档区域）

工作面就是显示图像的区域，用户创作的作品就是在此诞生的。如图 A02-5 所示，预先打开了 4 个文档，可以看到工作面的上方有这 4 个文档选项卡。

图 A02-5

5．面板

除了默认主界面上显示的面板，还有很多其他面板，打开【窗口】菜单（见图 A02-6），可以激活并显示所有的面板，面板的种类非常丰富，在后面的课程中会详细介绍。

 小森："如果面板被搞得乱七八糟，可我不想一个个去调整，怎么办呢？"

执行【窗口】-【工作区】-【复位基本功能】命令，如图A02-7所示，这样就复原啦！

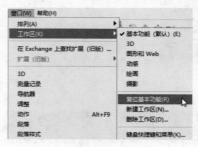

图 A02-7

图 A02-6

扩展知识

鼠标在Photoshop界面上停留时，会有相应的提示出现，这也是很好的学习Photoshop的途径。

A02.3 PS 的基本功能

本课将讲解使用 PS 制作 PPT 的一些基本功能，掌握 PS 的基本功能可以让你的 PPT 更加出彩。本课将讲解文档的创建与设置、存储文件与导出图像、选区工具、图层、画笔工具、钢笔工具、图形样式、蒙版、滤镜、调整图层。

1. 文档的创建与设置

◆ 新建文档

执行【新建】命令，弹出【新建文档】对话框，如图 A02-8 所示。

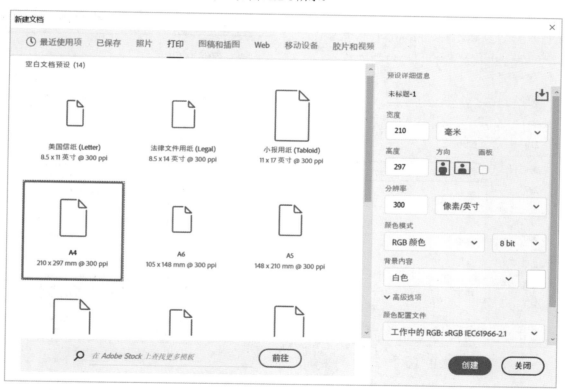

图 A02-8

◆ 文档设置

新建文档时必须有初始的设定，如尺寸大小、分辨率、颜色模式等。Photoshop 预设了一些常见的标准尺寸类型，如图 A02-9 所示。

图 A02-9

例如，选择【打印】选项，可以看到下方列表中有国际标准纸张的【A4】规格，直接选择它，右侧的参数将自动变成相应尺寸，如图 A02-10 所示。

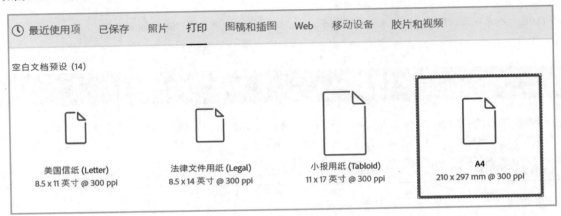

图 A02-10

如果预设中没有所需的尺寸，则可以手动输入尺寸。尺寸的单位有像素、厘米、毫米等，如图 A02-11 所示。

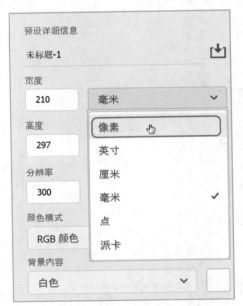

图 A02-11

扩展知识

常用的幻灯片大小有宽屏（16：9）、标准（4：3）、全屏（16：9），具体尺寸分别如下。

宽屏（16：9）——宽33.867cm×高19.05cm。

标准（4：3）——宽25.4cm×高19.05cm。

全屏（16：9）——宽25.4cm×高14.288cm。

2．存储文件与导出图像

◆ 存储文件

在【文件】菜单中可以看到【存储】和【存储为】两个命令，如图 A02-12 所示。直接执行【存储】命令，即可对文件按照原格式进行存储更新，快捷键是 Ctrl+S。

图 A02-12

下面了解一下【存储为】命令。执行该命令后会弹出【另存为】对话框，从中可以选择存储位置，修改文件名称，选择文件类型，以及设置更多额外的存储选项。

◆ 导出图像

使用【导出】功能可以保存不同格式的图片文件，执行【文件】-【导出】命令，即可看到多种导出命令，如图 A02-13所示。该功能可以在使用 PS 制作 PPT 的素材时，将制作完成的素材通过 PNG 或 JPG 格式导出，再放到 PPT 中进行应用。

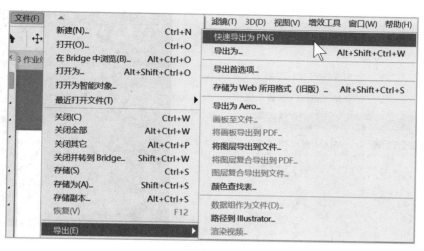

图 A02-13

◆ 【快速导出为 PNG】：将图像快速地保存为 PNG 格式的图片。执行该命令会弹出【另存为】对话框，从中选择存储位置，设置好存储名称，单击【保存】按钮即可。

◆ 【导出为】：执行该命令会弹出【导出为】对话框，可以对要保存的图片格式、图像大小、画布大小等进行设置，可以导出 PNG、JPG、GIF 3 种格式的图片，如图 A02-14 所示。

图 A02-14

◆ 【导出首选项】：执行该命令会弹出【首选项】对话框，用来设置【快速导出格式】，在这里选择【JPG】，快速导出命令便会发生改变，如图 A02-15 所示。

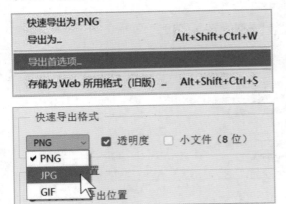

图 A02-15

3．选区工具

选区的作用是对图层部分区域的像素进行操作或保护。

基础的选区工具有【矩形选框工具】【椭圆选框工具】【单行/单列选框工具】【套索工具】【多边形套索工具】【磁性套索工具】。除此之外，还有一些快速选区工具，可以快速地选出对象，这些工具分别是【快速选择工具】【魔棒工具】【对象选择工具】。下面我们挑选几个制作幻灯片常用的选区工具进行讲解。

◆ 矩形选框工具

按住鼠标左键并拖动，松开鼠标，即可绘制矩形选区。按住 Shift 键，可绘制正方形选区，如图 A02-16 所示。按住 Alt 键，再按住鼠标左键拖动，选区会以单击处为中心扩展，如图 A02-17 所示。

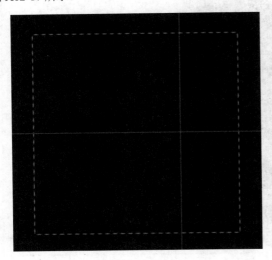

图 A02-16

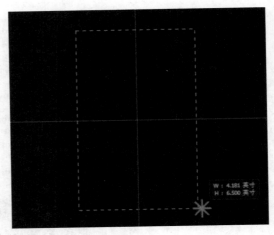

图 A02-17

◆ 椭圆选框工具

用来绘制椭圆或者正圆选区，用法和【矩形选框工具】是相同的。与绘制矩形选区不同的是，绘制非矩形选区时要注意会有抗锯齿效果，在选项栏中选中【消除锯齿】复选框，如图 A02-18 所示。

图 A02-18

选中【消除锯齿】复选框后，可以使绘制的选区边缘平滑柔和，如图 A02-19（a）所示；如果取消选中该复选框，绘制后的选区的曲线或斜线部分会出现比较明显的锯齿，如图 A02-19（b）所示。

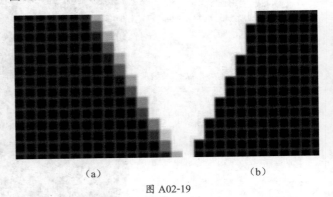

（a） （b）

图 A02-19

◆ 套索工具

套索工具组用来制作不规则的选区，使用【套索工具】可以直接在画面上进行自由绘制，按住鼠标左键不放将画出黑线轨迹，松开鼠标即可闭合为选区，如图 A02-20 所示。

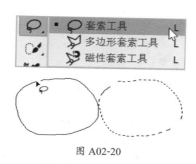

图 A02-20

◆ 多边形套索工具

【多边形套索工具】可以采用逐点单击的方式建立直线线段围合而成的多边形选区，当最后闭合的时候，光标右下角会出现一个小圈圈，如图 A02-21 所示。在绘制选区的过程中，可以结合 Backspace 键取消上一次的绘点，也可以直接双击鼠标，或者按 Enter 键，就地封闭选区。

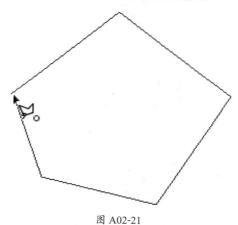

图 A02-21

◆ 磁性套索工具

【磁性套索工具】有智能识别边缘的功能。打开素材图片，首先在图像的边缘单击，然后沿着边缘轻轻滑动鼠标，轨迹线会自动找到附近对比强烈的边缘点，沿着边缘继续滑动，一直到最开始的地方，单击闭合，完成选区绘制，如图 A02-22 所示。

图 A02-22

图 A02-22（续）

◆ 快速选择工具

【快速选择工具】 紧邻套索工具组，快捷键是 W，它的作用是智能、快速地识别像素区域的边缘并创建选区。

◆ 魔棒工具

使用【魔棒工具】 可以选择颜色相近的像素区域，只需要在某个点上单击和该点颜色相近的区域即可生成选区，像魔法棒一样可自动识别选择。

◆ 对象选择工具

使用【对象选择工具】 按住鼠标框选对象，松开鼠标后即可自动生成对象的选区；或者将鼠标悬停在对象上方，对象会以蓝色高亮显示，单击即可自动生成对象的选区。

【魔棒工具】适合选择颜色比较纯净的同类区域，【对象选择工具】适合快速地选择简单对象，【快速选择工具】适合选择较为复杂的对象，并且可以增减调整。请根据不同的需求选择最合适的工具，或者将它们结合起来使用。

4. 图层

简单来说，图层就是图像的层次，如图 A02-23 所示。图层就像一张张透明胶片，可以在每张胶片的不同区域画上不同色彩的颜料，然后将所有的胶片重叠起来，就完成了整幅作品。

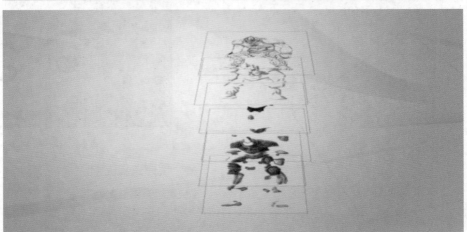

图 A02-23

　　我们可以很方便地单独调整和修改某个图层，而不用担心影响其他图层。Photoshop 的图层有很多类型，如普通图层、背景图层、智能对象图层、调整图层、填充图层、视频图层、矢量图层 / 形状图层、3D 图层、文字图层、图框图层等，如图 A02-24 所示。

图 A02-24

图层的操作选项存在于两个位置，一个是菜单栏上的【图层】菜单，另一个是【图层】面板。两者的很多功能都是相通的，如图 A02-25 所示。

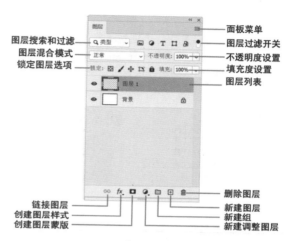

图 A02-25

一般在默认的主界面上会显示【图层】面板。当找不到【图层】面板时，可使用快捷键 F7 弹出【图层】面板，如图 A02-26 所示。

图层搜索和过滤 —— 面板菜单
图层混合模式 —— 图层过滤开关
锁定图层选项 —— 不透明度设置
 —— 填充度设置
 —— 图层列表

链接图层 —— 删除图层
创建图层样式 —— 新建图层
创建图层蒙版 —— 新建组
 —— 新建调整图层

图 A02-26

如图 A02-27 所示是一个包含多种图层类型的 PSD 文件。

图 A02-27

5. 画笔工具

【画笔工具】 ✐ 的快捷键是B，是绘制操作的基础工具。选择【画笔工具】，当鼠标显示为一个圆圈时，说明当前笔刷为普通的圆点，圆圈的大小代表当前笔刷的大小。

6. 钢笔工具

工具栏上的钢笔工具组包括一系列工具，如图 A02-28 所示，快捷键是P。下面学习【钢笔工具】 ✐ 的用法。

选择【钢笔工具】后，选项栏上将有两种绘制模式可选，分别是【形状】和【路径】，如图 A02-29 所示。该工具可以绘制直线、曲线等路径，也可以将这些闭合路径转为选区。

图 A02-28

图 A02-29

7. 图层样式

【图层样式】是图层的外观效果，如阴影、发光和斜面等，如图 A02-30 所示。这些效果是可以通过调节参数来控制的，并不会破坏图层本身的内容，属于无损操作的一种。如果说图层蒙版是图层的隐形罩衣，那么图层样式就是图层华丽的外衣，让图层更绚丽。

◆ 添加图层样式

新建空白文档，设定尺寸为1920像素×1280像素，使用【矩形工具】，设定【填充】颜色为浅蓝色，无描边，设置圆角半径为50像素，绘制一个圆角矩形，如图 A02-31 所示。

图 A02-30

图 A02-31

在【图层】菜单的【图层样式】子菜单中，可以选择添加各种类型的样式。

在【图层】面板下方单击【添加图层样式】按钮 fx，可以选择添加各种类型的样式。

在【图层】面板上直接双击图层缩览图和名称之外的激活区域，可以快速打开【图层样式】对话框（对于普通图层，双击缩览图也可以打开【图层样式】对话框）。

◆ 【图层样式】对话框

【图层样式】对话框由左侧列表和右侧调节控制区域组成，如图 A02-32 所示。

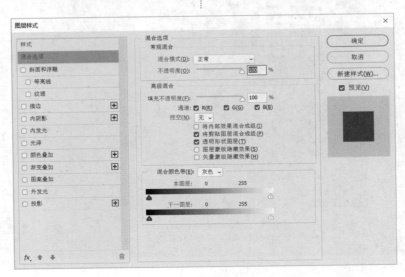

图 A02-32

在【编辑】菜单中，也可以找到【描边】命令，应用的效果和图层样式的描边效果完全相同，但【描边】命令属于不可逆的破坏性操作，一般不建议使用。

8. 蒙版

图层蒙版就好像为图层披上一件隐形披风，通过蒙版可以控制图层是否完全隐形（看上去像空图层），或者部分隐形（看上去像被删除了一部分），或者完全暴露（正常显示）。也就是说，图层蒙版主要用于隐藏和显示图层上的部分区域。图层蒙版是前期学习的重点，学会使用蒙版，就算进入 Photoshop 的门了。

◆ 添加蒙版

在【图层】面板中单击【添加蒙版】按钮（见图 A02-33），即可为当前图层添加蒙版。默认是添加【显示全部】蒙版，如果按住 Alt 键并单击该按钮，则添加的是【隐藏全部】蒙版。在【图层】菜单中也可以找到此操作命令，如图 A02-34 所示。

图 A02-33

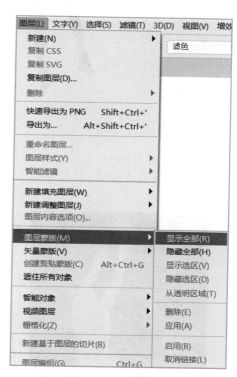

图 A02-34

【显示全部】的蒙版自带白色填充色，如图 A02-35 所示。

图 A02-35

【隐藏全部】的蒙版自带黑色填充色，如图 A02-36

所示。

图 A02-36

如果当前图层上有选区，添加蒙版的时候，会自动把选区的信息带到蒙版中，如图 A02-37 所示。

图 A02-37

如果按 Alt 键并单击该按钮，则效果刚好相反，如图 A02-38 所示。

图 A02-38

◆ 编辑蒙版

按住 Alt 键并单击图层蒙版缩览图（见图 A02-39），可以在画布上临时显示蒙版内容，显示的图像和在 Alpha 通道中的一样，如图 A02-40 所示。

图 A02-39

图 A02-40

9. 滤镜

Photoshop 的滤镜命令像是各种魔法，把现有的图像变成带有各种特殊效果的图像。滤镜命令可以应用于普通图层，也可以应用在智能对象上，在智能对象上添加的滤镜是智能滤镜，可以随时停用或删除智能滤镜。可以反复调整滤镜参数，自由调整滤镜上下次序，这是一种非破坏性的编辑操作，如图 A02-41 所示。

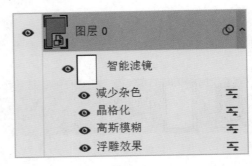

图 A02-41

单击眼睛图标可以临时隐藏该滤镜效果，双击滤镜名称可以调整该滤镜的参数。智能滤镜自带蒙版，可以通过蒙版显示或隐藏施加滤镜效果的部分，如图 A02-42。

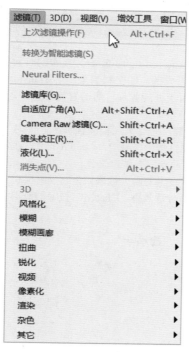

图 A02-42

在【图层】面板的下方有一个【创建新的填充或调整图层】按钮，单击即可弹出子菜单，如图 A02-43 所示。

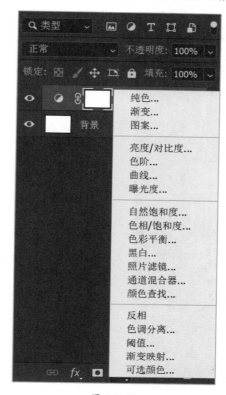

图 A02-43

10. 调整图层

我们在制作幻灯片时，有时候会发现素材的颜色与整体颜色不符合，那么就需要用到 Photoshop 中的调整图层命令，例如，【曲线】【色彩平衡】【色相/饱和度】这三个命令是在 PPT 中常用的命令，当然在不同情况下也会用到多种组合命令。

除此之外，Photoshop 还有很多的工具和效果可以用来设计 PPT，在后面的案例中会为读者一一进行讲解。

总结

本课对 PS 的软件界面、工具栏以及新建存储文件等进行详细的讲解，PS 是一款功能强大的图像编辑软件，可以对图片进行裁剪、调整大小、修复瑕疵、调整色彩和对比度等。用户通过 PS，可以优化 PPT 中的图片，使其更加清晰、鲜明和专业。对后期设计 PPT 页面有很大的帮助，如为图像添加滤镜、模糊、蒙版等处理操作。

读书笔记

基本功能 基础操作

A03.1　ChatGPT 的概念

　　ChatGPT 是一种基于 GPT（generative pre-trained transformer）技术的聊天机器人。GPT 是一种自然语言处理模型，是由 OpenAI 公司开发的。GPT 模型采用了 Transformer 架构，是一种基于注意力机制的深度学习架构，可以用于处理各种自然语言处理任务，如机器翻译、文本摘要、问答系统等。

　　ChatGPT 使用了 GPT 技术作为其核心引擎，通过大规模的预训练，学习了大量的语言知识和语言规律，并能够根据用户的输入生成自然语言响应。ChatGPT 可以在各种领域和情境下与用户进行交互，例如，提供信息、回答问题、提供建议等。

　　ChatGPT 是一种基于机器学习和人工智能技术的聊天机器人，它能够模仿人类的对话风格和语言表达方式，并逐渐提高其智能水平和对话效果。ChatGPT 技术的应用非常广泛，它可以应用于各种场景，如图 A03-1 所示。

图 A03-1

◆　在线客服：ChatGPT 可以作为一个在线客服，为用户提供帮助和支持。
◆　个人助理：ChatGPT 可以作为一个个人助理，帮助用户管理日程、提供建议和指导等。
◆　社交娱乐：ChatGPT 可以作为一个社交娱乐工具，与用户进行聊天、玩游戏和交流等。
◆　教育培训：ChatGPT 可以作为一个教育培训工具，为学生提供答疑解惑和学习指导等。

A03.2　ChatGPT 的用途

1. 生成一套完整的 PPT 设计文案

　　在输入框中（见图 A03-2）输入要求，包括主题、格式、页数等，并用 markdown 源代码格式输出。

图 A03-2

　　例如，在输入框中输入：
　　请帮我创建一个以《大学生如何进行时间管理》为主题的 PPT 文档，遵循以下要求：
　　1.有封面页和结尾页，并包含主、副标题

2. 有内容提要页

3. 总页数：15 页以上

4. 请用 markdown 源代码块输出

效果如图 A03-3 所示。

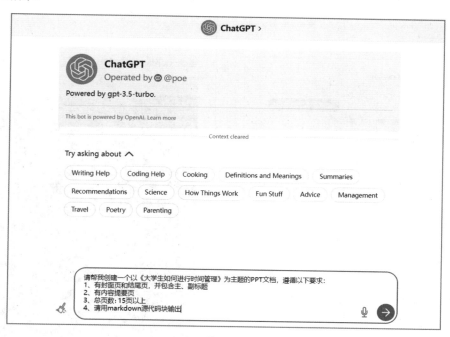

图 A03-3

接下来，ChatGPT 会反馈用户需要的信息，可根据实际情况再进行内容调整，如图 A03-4 所示。

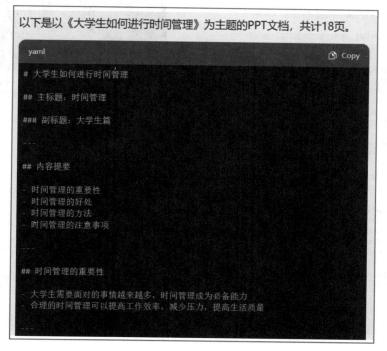

图 A03-4

2．回答问题并提供学习指导

ChatGPT 可以回答各种主题的问题，包括历史、科学、文化、技术、数学等。它还可以提供学习方法或建议，帮助我们更有效地学习和掌握知识。

与上述操作相同，在输入框中输入想要了解的信息，如图 A03-5 所示。

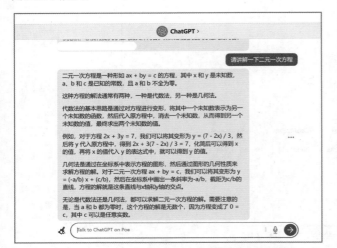

图 A03-5

3．生成多种格式的文本

ChatGPT 可以生成多种格式的文本，包括 .txt、.csv、.html、.py 等，如图 A03-6 所示。

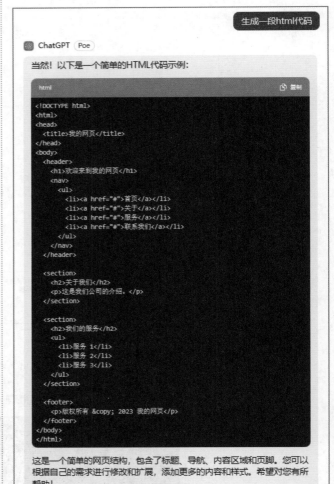

图 A03-6

ChatGPT 作为一个大语言模型，可以自然、流畅地回答各种问题，提供广泛的知识和信息，涵盖各个领域和主题，它的对话模式自然并且人性化。ChatGPT 可以帮助人们解决各种问题，如学术研究、商业分析、个人咨询等，具有广泛的应用前景。ChatGPT 也存在一些局限性，例如，它可能会受到数据偏差和人工干预等因素的影响，需要在使用时谨慎处理。总的来说，ChatGPT 是一项非常有价值的技术，可以为人们带来方便，有着广阔的发展前景。

A03.3　Mindshow 工具

　　ChatGPT 横空出世后，一种制作 PPT 的神器组合诞生了，即 ChatGPT + Mindshow。在 ChatGPT 中生成 markdown 源代码格式后，就可以利用 Mindshow 快速制作 PPT。需要注意的是，在使用它时必须生成 markdown 源代码格式，然后将其复制到 Mindshow 中，即可生成 PPT，如图 A03-7 所示。

图 A03-7

A03.4　Mindshow 的使用方法

　　利用 ChatGPT 生成用于创建 PPT 的内容，如"帮我创建一份关于大学生如何进行时间管理的演示文档，用 markdown 方式输出"。复制已生成的 markdown 源代码，将其粘贴到 Mindshow 的内容框中，单击【导入创建】按钮即可，如图 A03-8 所示。

可以实时修改文档内容和 PPT 样式及不同布局格式，如图 A03-9 所示。

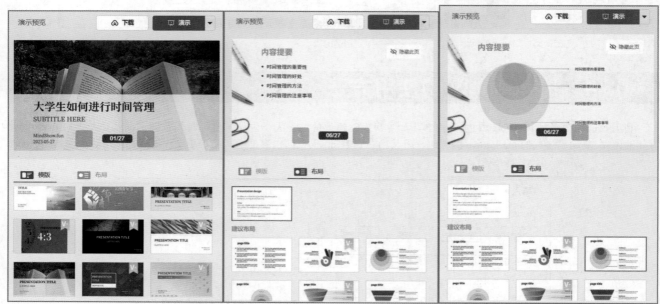

图 A03-9

还可以在 Mindshow 中继续做调整，添加节点内容，对内容进行详细修改，如图 A03-10 所示。

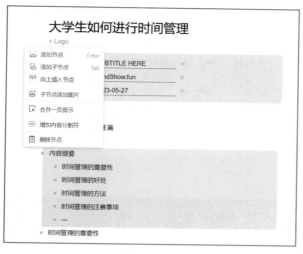

图 A03-10

最后，下载 PPT 即可完成，可以选择两种不同的格式，如图 A03-11 所示。

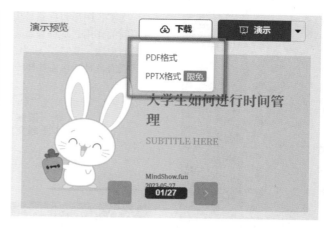

图 A03-11

下载好的 PPT 文档可在 WPS 等软件中进一步编辑和添加动画效果，这是一种非常方便并快速制作 PPT 的方法。

总结

本课讲解了 ChatGPT 和 Mindshow 的理论知识，并介绍了如何利用 ChatGPT 生成文案，以及如何使用 Mindshow 制作 PPT 文稿和文件，可以帮助我们快速地制作出高质量的 PPT 文稿。

 读书笔记

文字、图形和色彩是构成平面设计的三大要素。它们在平面设计中扮演着不同的角色，起着不同的作用。这些设计原则同样适用于 PPT 的设计。一个具有创意且美观的 PPT 首先需要明确的主题（文字）、引人注目的颜色（色彩）以及丰富多彩的元素图案（图形）。同时，在制作这些内容时，也需要相应的制作流程。本课将从 PPT 制作流程开始讲解，如图 A04-1 所示。

① 策划主题文案　② 确定设计元素　③ 其他页PPT制作　④ PPT中的动画效果

图 A04-1

A04.1　策划主题文案

在制作 PPT 之前，首先需要精心策划文案信息。可以使用 Word 文档的格式来排版文案，确定封面页的主标题或副标题的字体样式、字体大小，以及目录页、章节页等文字内容的字体样式和大小。这样，在需要的时候可以方便地调整和修改字体方案，如图 A04-2 所示。

封面页（1p）　　　　　　　　　　　**字体样式、大小**

主标题：医疗 APP 产品介绍 PRODUCT INTRODUCTION（思源黑体 Heavy，44 号字）
副标题：旅行攻略|网红社区|酒店民宿|极速抢票（思源黑体 Medium，13 号字）
正文：某某 APP 是一款功能全面、操作简单的在线订票和旅行攻略软件强大、简单、高效、多样是我们的关键词~（思源黑体 light，9 号字）

目录（2p）思源黑体 Heavy，44 号字

01 产品介绍 PRODUCT INTRODUCTION（思源黑体 Bold，23 号字）
02 产品展示 PRODUCT DISPLAY
03 功能介绍 FUNCTION INTRODUCTION
04 功能使用 FUNCTION USE

01 章节页 产品介绍（3p）思源黑体 Heavy，29 号字

海量全面（思源黑体 Bold，8 号字）
根据不同用户的需求，提供大量的|旅行出行决方案和攻略文章，与旅行有关的问题都可以在这里搜索到!（思源黑体 light，8 号字）
优质专业（思源黑体 Bold，8 号字）
经过专业团队打磨设计，满足各种用户群体旅行场景相关问题需求（思源黑体 light，8 号字）

图 A04-2

> **SPECIAL 扩展知识**
>
> PPT的字号大小分为两种情况。
> （1）演讲型PPT：用于会议现场，字号最小为16号，一般为18~28号。
> （2）阅读型PPT：仅用于在手机或计算机上进行查看时，字号最小为10号，一般为12~16号，不能再小，但是可以更大。
> 对于封面、过渡页、致谢页等特殊页面，可以使用更大的字号，通常使用80号。
> 总的来说，每页PPT的标题应该是本页中字号最大的，小标题次之，正文可与小标题一致。

当需要制作篇幅很长并且信息内容较多的 PPT 页面时，可以使用思维导图搭建框架，以防止内容遗漏。使用 WPS 中的【在线脑图】工具可以制作思维导图，如图 A04-3 所示；也可以使用其他的思维导图软件，如 XMind、知犀、印象笔记等，如图 A04-4 所示。

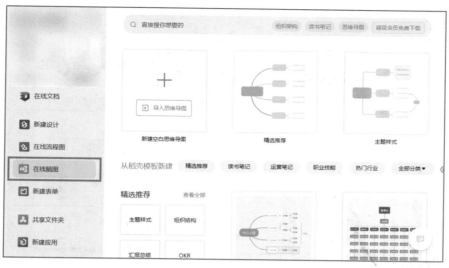

图 A04-3

图 A04-4

A04.2　确定呈现风格

确定设计风格是一切设计工作的关键步骤，PPT 设计也不例外。设计风格反映了设计形式的精神内涵。在 PPT 设计中，有多种设计风格可选，如扁平风、拟物风、欧美大图风、图形风、插画风、中国风、科技风等，如图 A04-5 所示。不同的风格呈现出不同的效果，观众的视觉感受也会因此有所不同。

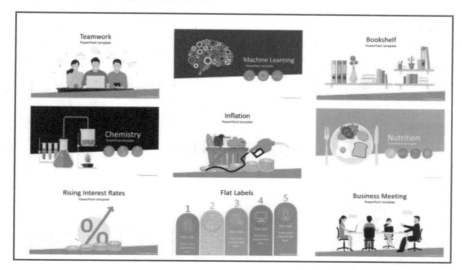

图 A04-5

图片来源：freepik.com、51pptmoban.com

图 A04-5（续）

以扁平风为例，该风格通过摒弃高光、材质、阴影等干扰视觉传达效果的因素，采用简化、抽象化、符号化的设计元素来呈现事物本身。扁平风能够更直观地传递信息，同时呈现出清爽的外观。然而，扁平风的缺点是缺乏表现力，通常适用于表达抽象内容的主题，如图 A04-6 所示。

图片来源：freepik.com

图 A04-6

拟物风可以理解为与扁平风完全相反的一种风格。该风格更加写实，通过模仿现实物品的造型、纹理、材质、光效等元素来生成设计效果。拟物风的目的是让人们在使用界面时能够习惯性地联想到现实物体的使用方式，如图 A04-7 所示。

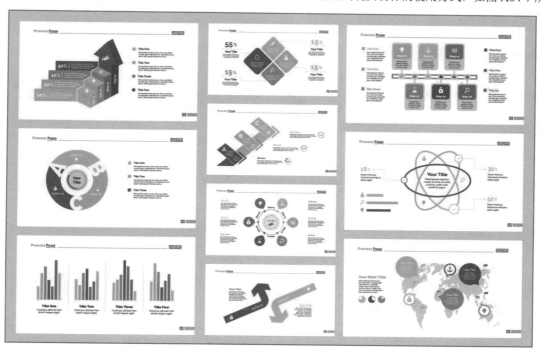

图片来源：freepik.com

图 A04-7

把握好 PPT 的风格设计，与设计者本身的文化修养和设计功底密不可分。这涉及多方面的知识积累，需要将现代与古今中外的元素有效地结合在一起，使之相得益彰、水乳交融方可。

A04.3　设计元素

在明确了文案策划和核心主题之后，首先需要确定当前 PPT 的设计元素。设计元素在封面中扮演着至关重要的角色。

那么，如何找到设计元素呢？

首先，找到一个优秀作品，在欣赏优秀作品的过程中要对作品进行分析，学会提取作品中的设计元素。打开 WPS，单击【新建标签】按钮 +，在新建标签中选择【新建演示】，可以看到 WPS 中的一些可学习、借鉴并能使用的演示模板，也可以在【搜索栏】中输入关键词，找到自己喜欢的风格或 PPT 类型，如图 A04-8 所示。

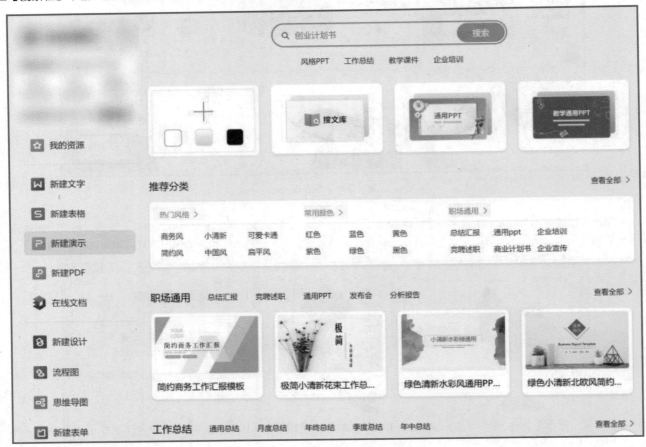

图 A04-8

例如，搜索"几何风格"，WPS 就会为我们搜索到有关几何风格的所有 PPT 模板，如图 A04-9 所示。

搜索作品如图 A04-10 所示，可以发现主要元素由"圆环"和少量矩形构成，并且 PPT 的主题色调为蓝色、白色、灰色三种，白色为主色调，蓝色作为装饰颜色，灰色作为辅助颜色。这些设计元素和颜色贯穿于整个幻灯片，不管是封面页、目录页、章节页都有这些元素或颜色的出现。像这样的案例也可以举一反三，做成其他的构成效果并与演示内容相互呼应。

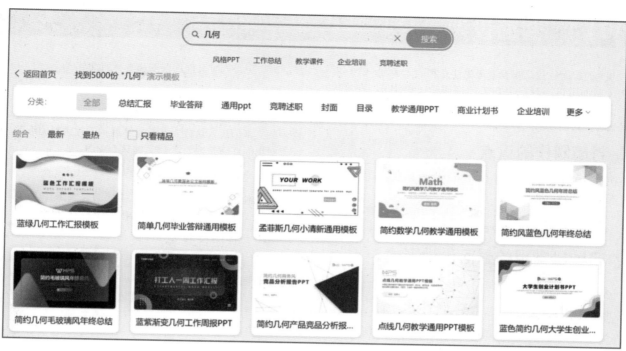

图 A04-9

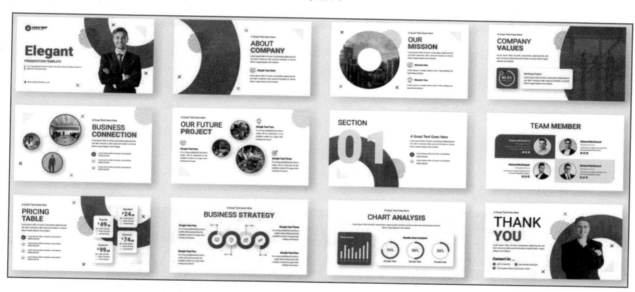

图 A04-10

综上所述，提取设计元素的三个重点，分别是明确、呼应、贯穿。

首先，要明确设计元素，突出其特征和可识别性。在提取元素时，需要注意不要过多、过于复杂，以避免画面变得杂乱，缺乏构成感和识别感。

其次，明确了元素后，要确保这些元素在大部分页面中都有呼应，元素之间要产生联系，以突出设计感，形成一套具有特征性的 PPT。

最后，这些元素必须贯穿于整套 PPT 模板，内页和扉页要保持统一，不应该在前一页使用相同的元素后，在后一页又换成其他元素，这样会破坏设计元素的整体性。

A04.4 封面设计

PPT 的封面往往是观看者最先注意到的元素，一个好看的 PPT 封面可以提升整个 PPT 的格调和视觉效果，在很大程度上决定了 PPT 的设计成功与否。因此，从 PPT 的设计角度来看，封面是至关重要的。

1．封面制作的重点

（1）PPT 版面要设置为 16∶9，这也是显示器的宽高比，符合大众使用的习惯。

（2）PPT 封面大同小异，掌握好结构布局是关键。

（3）制作的封面要与 PPT 主题一致，风格统一。

2．四种最常用的封面设计形式

◆ 颜色叠加型

当文本信息放置在图片上，导致文本信息难以阅读时，可以为图片素材添加一层颜色，通过调整透明度，使文本信息清晰可见，同时又能保留图片素材的细节。

◆ 半图型

通过使用色块遮挡部分图片素材，可以分割画面并让色块承载文本信息。这样一方面能够展示图片素材的细节，另一方面也能够清楚地表达 PPT 的核心主题。

◆ 全图型

可以使用一张能够表达 PPT 主题的大气图片作为封面，然后使用文字、图形来装点，保留一种极简的风格。

◆ 色块组合型

如果找不到合适的素材图片，可以使用大色块组合形式来设计封面。色块的颜色不是单纯地放置一个纯色或渐变色作为背景，而是需要几个颜色相同、不同纯度的色块进行组合，从而打破封面的视觉单调性。

A04.5 设计其他页幻灯片

在设计每一页幻灯片时，都要始终保持与封面的元素和风格相互统一。

1．目录页

目录页在一整套 PPT 设计中是非常常见的页面。虽然它占据的内容不多，但它概括了整个 PPT 的所有内容。作为引导页，目录页的重要性不言而喻。下面介绍几种制作目录页的常见技巧。

◆ 形状修饰

形状修饰是利用矩形、圆形、三角形等形状的色块来作为衬底和装饰，使整个画面更加丰富。这是一种比较简单的技巧，如图 A04-11 所示。

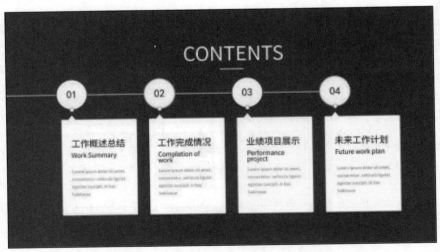

图 A04-11

图 A04-11（续）

◆ 图标修饰

图标修饰可以让每一项内容更加可视化，使页面看起来更加生动、具象，如图 A04-12 所示。

图 A04-12

图 A04-12（续）

◆ 图片修饰

利用图片进行修饰，补充画面，使整个目录页更加丰富，运用到场景里更加贴切，符合主题，如图 A04-13 所示。

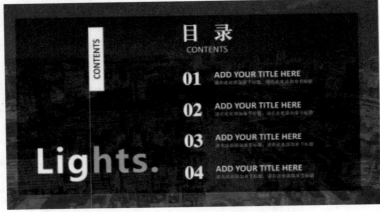

图 A04-13

图 A04-13（续）

2．过渡页

过渡页虽然在整套 PPT 中看似可有可无，但实际上过渡页有着承上启下的作用。过渡页也叫转场页，当需要重新开启某一章节时，就需要过渡页来承接。过渡页通常由数字和标题两部分组成。下面介绍几种制作过渡页的常见技巧。

◆ 主题颜色/元素区分型

提取主题封面使用的颜色和元素，设计成过渡页。如图 A04-14 所示，主题封面使用了红色和不规则的矩形元素，可以将这些元素提取出来，设计成过渡页。

图 A04-14

◆ 创意型

将数字放大到一定程度，使页面更有视觉冲击力并且成为页面的中心焦点，也可以对数字进行美化填充，增强设计感，如图 A04-15 所示。

图 A04-15

◆ 添加图片型

与封面的制作方法相同，找到一张图片素材作为背景，以半透明矩形作为文字的底色，确保文字信息清晰显示，如图 A04-16 所示。

图 A04-16

3. 内页

内页也就是正文页，在制作 PPT 时可能会遇到出现大段文字的情况。通常情况下，我们将文字提炼精简成几点，并分段排列开。可以通过以下两种方式设置内页的文字段落。

◆ 改变行距/字距

为了阅读的体验更好，通常需要设置一段文字的行间距，将常规的单倍行距改为 1.3~1.5 倍行距，可以增强文字之间的体验感。

◆ 用图形/线框修饰

图形可以作为背景，也可以作为装饰。除图形之外，还可以用线框修饰页面，将线框层叠，再加上图形符号，做出独特的效果，如图 A04-17 所示。

图 A04-17

4. 尾页

尾页就是结束页。结束页在不同的场合有着不同的致辞，在制作结束页时，需要注意以下 3 点内容。

◆ 趣味收尾，突显个性

在演讲内容和形式比较枯燥的情况下，可以尝试使用轻松、有趣的方式来结束，以活跃气氛，快乐收场，在凸显个性的同时还能给观众留下深刻的印象，如图 A04-18 所示。

图 A04-18

图 A04-18（续）

◆ 简洁明了，突出主题

这是 PPT 结尾时最常用的方法之一。在前面的 PPT 设计中已经多次强调了 PPT 的主题核心，如果在结尾时再次强调，就会产生一种首尾呼应的效果。这不仅可以加强观看者的记忆，还可以起到画龙点睛的作用，如图 A04-19 所示。

图 A04-19

◆ 巧妙发问，引人深思

在结尾处发问，引发观看者的思考，将 PPT 中表达的与主题相关的内容再次加以深化，引人深思，如图 A04-20 所示。

图 A04-20

A04.6 设置幻灯片中的动画效果

在完成封面页、目录页、过渡页、内页、尾页的一系列页面设计后，需要给这些页面中的内容添加动画效果。需注意的是，并非每个元素都需要动画效果，添加的动画效果要符合正常的逻辑（见 A01.3 课）。本课将讲解如何设置幻灯片的动画效果。

1. 自定义动画效果

当预设的动画效果不能满足需求时，可以通过自定义动画效果为 PPT 页面中的某一素材添加动画效果。如图 A04-21 所示，为当前页面上的元素添加动画效果，首先单击右侧的【任务窗格】-【动画窗格】按钮 ☆，弹出设置窗口，再单击【选择窗格】选择文档中需要自定义动画的幻灯片元素，如图 A04-22 所示。单击并选择【图片 3】即可，也可直接选中图片后执行菜单栏中的【动画】-【自定义动画】命令。

在【动画窗格】面板中，为图片添加效果，单击【添加效果】按钮打开折叠框，其中有很多预设效果，如图 A04-23 所示。选择【擦除】动作，【动画窗格】中的内容都可以进行自定义修改，可选择动画的开始时间、动画方向、速度等，如图 A04-24 所示。

马术，是一种人和动物共同完成的比赛，需要骑手和马经过多年的训练，在赛场上展现优雅、胆量、敏捷和速度。马术起源于原始人类的生产劳动过程。公元前680年，古代奥运会设有马车比赛。

图 A04-21

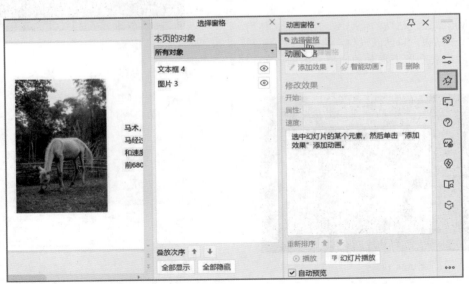

图 A04-22

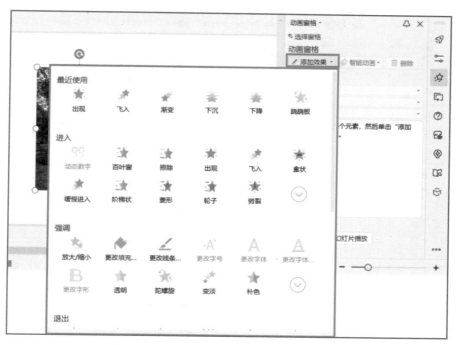

图 A04-23

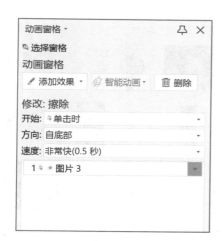

图 A04-24

幻灯片的切换效果、速度、声音、换片方式等。

图 A04-25

也可为一个幻灯片元素添加多个动画效果，再次单击
【添加动画】按钮，然后选择所需的动画效果即可。还可在
【动画窗格】的下方调整动画的顺序，如图 A04-25 所示。也
可以双击项目详细设置更多效果，如图 A04-26 所示。若要
删除动画效果，选中效果项目，单击【删除】按钮即可。

2. 幻灯片切片效果

上面的自定义动画效果是针对幻灯片页面中的元素动
画，而幻灯片切换效果指的是对幻灯片的整个页面进行切换
时应用的动画效果。执行菜单栏中的【切换】命令，可以看
到菜单栏中的预设效果，如图 A04-27 所示。在【任务窗格】
中单击【切换幻灯片】按钮，如图 A04-28 所示，即可设置

图 A04-26

图 A04-27

图 A04-28

不同的切换动画有不同的风格，以下是常用的几种幻灯片切换效果。

◆ 平滑

【平滑】是在幻灯片切换中最常用的效果，也是相对比较现代的一种切换方式。它可以使 PPT 在过渡的时候显得非常自然。但需要注意的是，幻灯片的上下两页最好有相同的元素，可以复制上一页幻灯片，再将顺序调整为想要展现的效果。若页面元素少且类型不同，还可以强制平滑切换幻灯片。

◆ 推入

【推入】效果是在两页连接处放置一个完整的图片或形状，能够在 PPT 切换的时候，从视觉效果上将上下两页连接起来，就好像一张长图文。这种切换效果适合在内容过多的情况下使用，如企业的成长史等。将整体内容拆分成多页，最终用【推入】把它们连接起来。

◆ 页面卷曲

利用【页面卷曲】的切换方式，能够一键制作出很有文艺范的翻书效果。但如果只是单纯添加这个动画，就会发现整页翻书的效果非常生硬，而如果在页面中心添加一个渐变色块，页面中部有了书本的立体感，翻页效果就会更生动。

3．动画模板

除以上动画效果之外，WPS 还提供了海量精美的动画模板，执行菜单栏中的【动画】-【动画模板】命令，可在当前文稿新建动画模板，可以让文档变得更生动有趣，如图 A04-29 所示。

图A04-29

选择【动画窗格】中的项目，单击【智能动画】，弹出折叠框，当光标停留在动画效果上即可进行预览，如图 A04-30 所示。

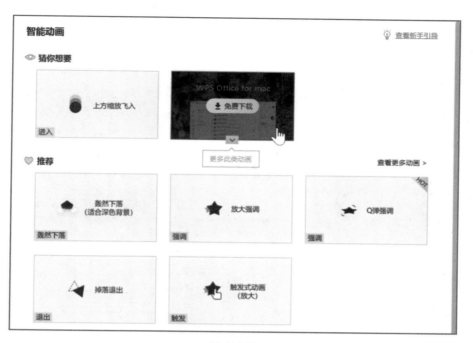

图 A04-30

总结

本课讲解了 PPT 的制作流程以及前期需要掌握的理论知识。在设计 PPT 时，可以根据需要添加自定义动画效果、幻灯片切换效果，并充分利用 WPS 提供的动画，使文稿更加生动有趣。前期把理论知识学扎实，后期我们就可以无忧设计 PPT 了。

读书笔记

在任何设计作品中，颜色都扮演着非常重要的角色。它不仅是一种重要的表现形式，也是一个关键的元素，可以突出主题并实现画面的平衡。在 PPT 的配色设计中，颜色同样至关重要。首先，我们需要了解颜色并熟悉不同的色彩。本课将介绍有关 PPT 配色设计的内容，如图 A05-1 所示。

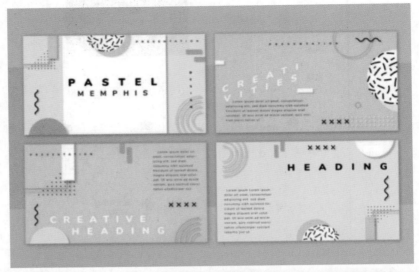

图片来源：Freepik.com

图 A05-1

A05.1　关于色彩、颜色

色彩在字典中有两种含义。首先，它指的是物体发射或反射出的不同波长的可见光，通过视觉而产生的不同印象；其次，它也可以比喻事物的某种情调或人的某种思想倾向。此外，色彩也是一个美术术语，常用于艺术领域。

颜色是通过眼睛、大脑和我们的生活经验对光的颜色进行分类描述的视觉感知特征。常见的颜色包括红色、橙色、黄色、绿色、蓝色和紫色等，如图 A05-2 所示。

图片来源：Freepik.com

图 A05-2

1. 色彩三原色

三原色是指色彩中不能再分解的三种基本颜色，通常说的"三原色"主要有色彩三原色和光学三原色两种。

将红、黄、蓝定义为色彩三原色，该模式是一种减色模型，又称为 CMY 颜色模型，常用于印刷。可以通过这三种颜色混合出所有的颜料颜色，同时三色相加为黑色，黑白灰在颜色中又属于无色系。无色系是指无彩色的物体，不具有色相和纯度，只有明度属性，如图 A05-3 所示。

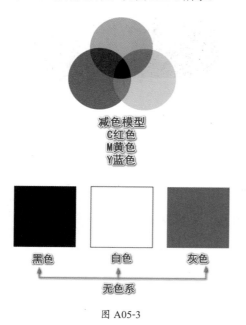

减色模型
C 红色
M 黄色
Y 蓝色

黑色	白色	灰色

无色系

图 A05-3

光学三原色指的是红、绿、蓝三种颜色。当这三种颜色混合在一起时，可以组成显示屏上所显示的各种颜色。同时将这三种原色叠加在一起会形成白色，白色也是无色系中的一种。这种模式被称为加色模型，也被称为 RGB 颜色模型。通过调整不同颜色的比例，可以产生各种不同的色光，如图 A05-4 所示。

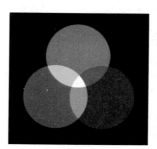

加色模型
红色 R：255
绿色 G：255
蓝色 B：255

图 A05-4

2. 色彩的特征

色彩有三大基本特征，分别是明度（B）、色相（H）和纯度（S）（也称为彩度和饱和度）。这三个内容在色彩学上也称为色彩的三大要素。以下是 Photoshop 中的拾色器面板显示的颜色，如图 A05-5 所示。

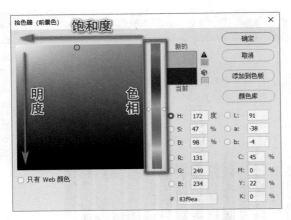

图 A05-5

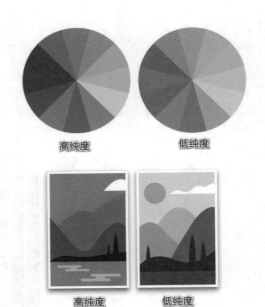

高纯度　　　　　　低纯度

图片来源：Freepik.com

图 A05-7

◆ 色相（H）

颜色与颜色之间的差别所在，它是区别不同色彩种类的重要手段和方法，也能够比较确切地表达出某种颜色的名称，如玫瑰红、橙黄、柠檬黄、翡翠绿等，如图 A05-6 所示。

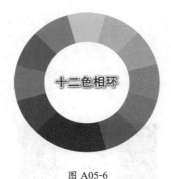

图 A05-6

◆ 明度（B）

明度是指颜色的明暗程度。相同色调的颜色，也有可能明暗程度不同。如图 A05-8 所示的颜色都属于同一色调，但①显暗，②显亮。

图片来源：Freepik.com

图 A05-8

◆ 纯度（S）

纯度是指颜色的纯净程度，它表示颜色中所含有颜色成分的比例。色相感越明确、纯净，它的颜色纯度越高，反之则越灰。较低纯度的颜色适用于女性妆容、日常办公场所的穿搭等场合，而高纯度的颜色适用于音乐节或私人派对等场景，如图 A05-7 所示。高纯度的颜色应该谨慎使用。

A05.2　颜色的性格

在不同类型的 PPT 设计中，颜色的使用也是至关重要的，它间接地代表了演讲者想要表达的主题内容。颜色也与我们的日常生活密不可分。例如，同一种颜色在不同的时间和地点，或者在不同的心情下，产生的感觉是不一样的。就像在冬天看到蓝色让人觉得冷，而在夏天看到蓝色会让人觉得凉爽。颜色的性格可以分为四类，分别是冷色、暖色、中性色、互补色。下面将对这四种颜色的性格进行分析和讲解，如图 A05-9 所示。

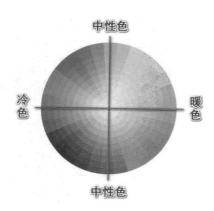
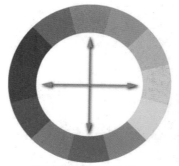

图片来源：Freepik.com

图 A05-9

1. 冷色

　　冷色是指可以让人从心理上产生凉爽感觉的颜色。通常以蓝色为主，然后是紫色、绿色，因为在大自然中天空、大海、冰雪等往往都是偏冷的物体并且呈现出蓝色，所以在人的感知中蓝色往往会有安静、清澈、超脱、远离世俗的感觉，如图 A05-10 所示。

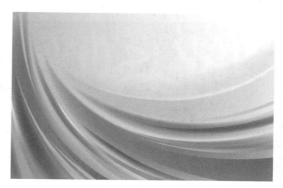

图片来源：Freepik.com

图 A05-10（续）

2. 暖色

　　暖色是指可以让人从心理上产生温暖感觉的颜色，通常以红色为主，然后是橙色、黄色、棕色等。红色会使人联想到太阳、火焰、庆祝、激动、暴躁、激烈的场面，因此它能使人从心理上产生温暖、热情、危险的感觉，如图 A05-11 所示。

图 A05-10

图 A05-11

图片来源：Freepik.com

图 A05-11（续）

3．中性色

中性色又称为无彩色系，中性色有黑、白、灰、金、银。这些颜色组合在一起会带给人一种神秘、高贵的感觉，如图 A05-12 所示。

图 A05-12

图片来源：Freepik.com

图 A05-12（续）

4．互补色

在颜色中互补色有红色与绿色互补，蓝色与橙色互补，紫色与黄色互补。互补色对比强烈、活泼、鲜明、刺激，可以营造出不同的层次感，如图 A05-13 所示。

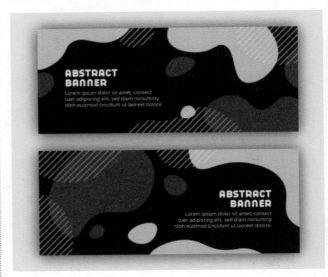

图 A05-13

图片来源：Freepik.com

图 A05-13（续）

A05.3　PPT 中的主色、辅助色、点缀色

　　主色、辅助色、点缀色是 PPT 设计中不可或缺的构成元素。在 PPT 制作中，首要任务是确定主色。主色承载着演讲者想要传达的情感，而辅助色和点缀色则用于与主色进行搭配，使整体设计更加生动，如图 A05-14 所示。

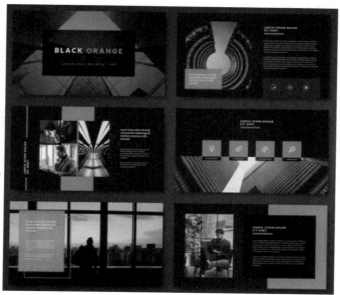

图片来源：Freepik.com

图 A05-14

1. 主色

　　主色在 PPT 的颜色搭配中扮演着重要的角色。它是区分不同信息的关键元素。主色对整个 PPT 的设计风格起着决定性的作用。如图 A05-15 所示，主色为紫色，辅助色为浅紫色，点缀色包括黄色、蓝色、绿色和粉色。

图片来源：Freepik.com

图 A05-15

2. 辅助色

　　辅助色在 PPT 中是占画面比例第二的颜色，仅次于主色。辅助色的作用是帮助突出主色，建立更完整的形象，使 PPT 色彩更加丰富，要做好分配，不可与主色做成 1：1 的色彩分配。如图 A05-16 所示，主色为深蓝色，辅助色为黄色，点缀色为灰色。

图片来源：Freepik.com

图 A05-16

3. 点缀色

点缀色是作为"配角"的一个颜色，在PPT设计中通常占据一小部分，点缀色可以使用多个颜色，让PPT页面更加丰富。如图A05-17所示，主色为绿色，辅助色为粉色，点缀色为黄色、红色、黑色。

图片来源：Freepik.com

图 A05-17

A05.4　如何为 PPT 配色

1. 常见的配色方法

在 PPT 设计中，常见的配色方案主要包括单色原则、对比色原则、同色系原则。

◆ 单色原则

单色原则是一种相对保守的配色方法，通过使用较少的颜色使整体作品效果更为协调。这种方法的核心理念是"颜色越少越好"，同时应避免使用纯度过高的颜色。若必须使用高纯度颜色，则应以小面积、少量方式使用，并在需要突出重点的地方进行强调。同时，可以运用一些近似色来搭配画面，如图 A05-18 所示。

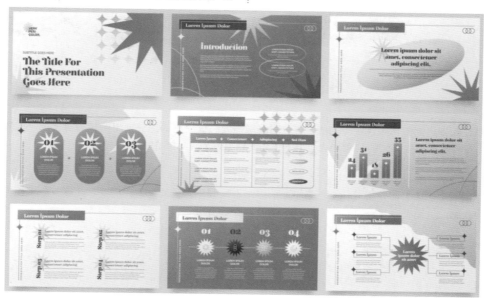

图 A05-18

图片来源：Freepik.com

图 A05-18（续）

◆ 对比色原则

对比色原则是在保持页面整体颜色统一的情况下，对局部需要强调突出的部分使用明亮的对比色。或者在颜色上使用互补色，也可以让人在视觉上产生强烈的刺激，从而留下深刻的印象，如图 A05-19 所示。

◆ 同色系原则

同色系不是指同一个颜色，而是指同一个色系里面的多个不同颜色。只要它们在明度、纯度、色相上协调，这种搭配就能展现出渐变的层次感，呈现有序和协调的整体色彩，如图 A05-20 所示。

图片来源：Freepik.com

图 A05-19

图片来源：Freepik.com

图 A05-20

2. 颜色的特点

◆ 红色

红色是最引人注意的颜色，代表着喜庆、欢快、兴奋、热血。和其他任何颜色搭配在一起都非常显眼，具有强烈的感染力。

常用行业：餐饮、消防、农业等，如图 A05-21 所示。

图片来源：Freepik.com

图 A05-21

◆ 橙色

橙色是开朗的颜色，代表着温暖、丰收、辉煌、热情。适量使用可以给人温暖的感觉，但过多使用可能导致紧张和烦躁感。
常用行业：医疗保健、科技等，如图 A05-22 所示。

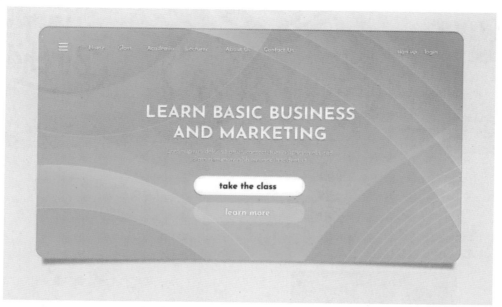

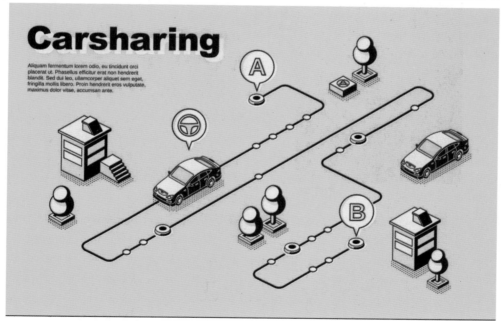

图片来源：Freepik.com

图 A05-22

◆ 黄色

黄色是活跃的颜色，代表着快乐、童真、活力、阳光、警示、柔软。
常用行业：育儿、食品、培训等，如图 A05-23 所示。

图片来源：Freepik.com

图 A05-23

◆ 绿色

绿色是稳定的颜色，代表着天然、和平、希望、健康。

常用行业：健康、农业、医疗保健、食品、环保等，如图 A05-24 所示。

图片来源：Freepik.com

图 A05-24

◆ 青色

青色是冷静的颜色，代表着淡雅、科技、沉静。
常用行业：科技、医美、护肤品等，如图 A05-25 所示。

图片来源：Freepik.com
图 A05-25

◆ 蓝色

蓝色是自由的颜色，代表着理智、大气、科技感。
常用行业：医疗保健、能源、金融、航空、科技、机械等，如图 A05-26 所示。

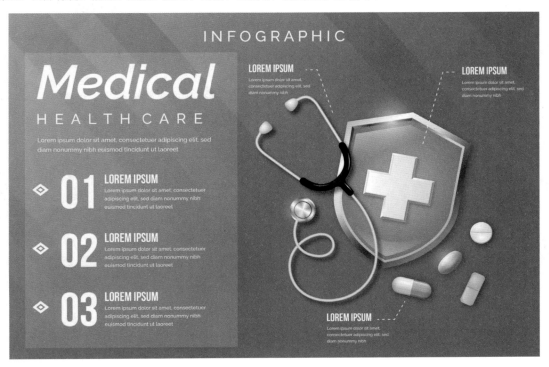

图 A05-26

图 A05-26（续）

图片来源：Freepik.com

图 A05-26（续）

◆ 紫色

紫色是高贵的颜色，代表着时尚、高贵、敏感。

常用行业：艺术、科技、金融、医疗保健、护肤品等，如图 A05-27 所示。

图 A05-27

图片来源：Freepik.com

图 A05-27（续）

◆ 黑色

黑色是无色相、无纯度的颜色，给人一种严肃、神秘、含蓄、高端、冷酷的感觉，它象征着权威和力量。
常用行业：奢侈品、电影等，如图 A05-28 所示。

图片来源：Freepik.com

图 A05-28

◆ 白色

白色是干净的颜色，代表着简约、雅致、极简、高端。

常用行业：汽车、饰品、化妆品、服装、医疗保健、慈善、证件、家居、科技等，如图 A05-29 所示。

图片来源：Freepik.com

图 A05-29

总结

　　本课讲解了设计配色的重要性，无论是在 PPT 设计、平面设计、UI 设计还是电商设计中，颜色都扮演着关键的角色。通过本课讲解的理论知识，我们对配色有了一定的了解。接下来，我们将深入介绍 PPT 设计的内容。

A06.1　封面设计

本课使用 Photoshop 和 WPS Office 联合完成古风插画的 PPT 封面设计，完成的效果如图 A06-1 所示。

图 A06-1

操作步骤

01 打开 Photoshop，新建文档，设置【宽度】为 2000 像素，【高度】为 1125 像素，【分辨率】为 200，【颜色模式】为 RGB 颜色。

02 制作封面背景。在 Photoshop 2020 及以上版本中有【天空替换】功能，使用该功能制作封面背景。新建一个纯白色的空图层，执行菜单栏中的【编辑】-【天空替换】-【日落】命令，选择第 5 个天空效果，创建封面背景。复制天空替换组，将其水平翻转，使用蒙版只显示右侧天空，如图 A06-2（a）所示。制作完成的封面背景如图 A06-2（b）所示。

（a）

（b）

图 A06-2

03 导入本课提供的"故宫博物院"素材图,单击【图层蒙版】按钮创建蒙版。选中蒙版,选择【画笔工具】✎,设置画笔颜色为黑色,【不透明度】为85%,如图A06-3(a)所示。使用画笔对建筑下半部分进行涂抹,效果如图A06-3(b)所示。

04 新建图层,将其命名为"屋顶雪"。使用【画笔工具】中的【喷溅】画笔效果绘制雪花,设置【颜色】为白色,【不透明度】为70%,【流量】为68%,如图A06-4(a)所示;沿屋顶画出落雪效果。按住Ctrl键单击建筑图层,生成选区,选中屋顶雪图层,按住Alt键同时单击【添加图层蒙版】按钮,屋顶落雪效果如图A06-4(b)所示。

(a)

(b)

图 A06-3

(b)

图 A06-4

05 接下来使用【钢笔工具】 ✐ 绘制河流，设置【填充】颜色为淡蓝色，【描边】为无，河流效果如图 A06-5 所示。

06 丰富画面，添加"假山""云纹""仙鹤""枯树"素材。将"云纹"素材放置在主建筑左右两侧；将"假山"素材放在主建筑的后面，使用【蒙版】调整图层的不透明度；导入"仙鹤"素材，复制一个"仙鹤"并调整其大小，放置在左侧假山上方，为了使下方的"仙鹤"与"云纹"更加融合，使用【蒙版】擦除"仙鹤"一侧的翅膀，效果如图 A06-6 所示。

图 A06-5

图 A06-6

07 创建标题文字"故宫文创"，选中图层并双击打开【图层样式】窗口，分别添加【描边】［见图 A06-7（a）和（b）］和【投影】［见图 A06-7（c）］，其中【描边】效果被添加了两次。导入金色背景素材，在文字上方右击图层，选择【创建剪贴蒙版】选项填充表面，创建深色矩形；单击【图层蒙版】 □ 按钮为图层添加蒙版，使用【渐变工具】加深文字下方的颜色，效果如图 A06-7（d）所示。

（a）

（b）

图 A06-7

图层样式

样式	投影	

混合选项

☐ 斜面和浮雕
  ☐ 等高线
  ☐ 纹理
☑ 描边
☑ 描边
☐ 内阴影
☐ 内发光
☐ 光泽
☐ 颜色叠加
☐ 渐变叠加
☐ 图案叠加
☐ 外发光
☑ 投影

结构

混合模式：正常
不透明度(O)：27 %
角度(A)：156 度 ☐ 使用全局光(G)
距离(D)：9 像素
扩展(R)：0 %
大小(S)：0 像素

品质

等高线： ☐ 消除锯齿(L)
杂色(N)：0 %

☑ 图层挖空投影(U)

设置为默认值 复位为默认值

确定
取消
新建样式(W)...
☑ 预览(V)

（c）

（d）

图 A06-7（续）

08 添加副标题及制作印章素材。使用【文字工具】创建副标题"弘扬传统文化 品味故宫情怀"，选中图层并双击，打开【图层样式】窗口，添加【投影】效果。导入"印章"素材，选中图层，添加【描边】和【阴影】效果，使用【直排文字工具】添加文字"精品"，效果如图 A06-8 所示。

图 A06-8

09 最后导入"雪花"素材，最终完成效果如图 A06-1 所示。

A06.2　设计幻灯片中的动画效果

完成 PPT 的页面制作后，需要将这些素材分别导出为 PNG 格式，然后将其应用到 PPT 中。本课主要讲解幻灯片动画效果的制作。

操作步骤

01 首先启动 WPS Office，新建【演示】。在功能区中执行【设计】-【幻灯片大小】-【自定义大小】命令，弹出【页面设置】对话框，设置【幻灯片大小】为【全屏显示（16∶9）】，如图 A06-9 所示，单击【确定】按钮。在 WPS 演示页面中，单击鼠标右键并选择【更换背景图片】选项，弹出【选择纹理】对话框，找到已导出的"天空特效 .png"素材，单击【打开】按钮，应用该背景，如图 A06-10 所示。

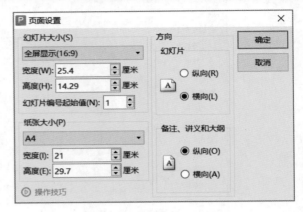

图 A06-9

名称	修改时间	大小
故宫建筑 插画.png	2022/11/14 09:12	348.66KB
故宫文创.png	2022/11/14 09:12	234.28KB
河水.png	2022/11/14 09:12	5.52KB
弘扬传统文化 品味故宫情怀.png	2022/11/14 09:12	14.46KB
假山 右侧.png	2022/11/14 09:12	50.94KB
假山.png	2022/11/14 09:12	24.03KB
精品.png	2022/11/14 09:12	6.72KB
枯树.png	2022/11/14 09:12	68.65KB
天空特效.png	2022/11/14 09:12	1.35MB
屋顶雪.png	2022/11/14 09:12	57.52KB
仙鹤.png	2022/11/14 09:12	17.27KB
仙鹤1.png	2022/11/14 09:12	3.28KB
雪花.png	2022/11/14 09:12	170.03KB
右云纹.png	2022/11/14 09:12	487.70KB
左云纹.png	2022/11/14 09:12	551.90KB

文件名称(N)：天空特效.png

文件类型(T)：所有图片(*.emf *.wmf *.jpg *.jpeg *.jpe *.png *.bmp *.gif *.tif *.tiff *.wdp *.svg)

打开(O)　　取消

图 A06-10

02 删除演示文稿中的默认文本框，将制作完成的"右云纹""左云纹""音乐"素材拖曳至演示文稿页面内，对云纹进行左右拉伸，铺满画面，如图 A06-11 所示。打开右侧的【幻灯片切换】面板，设置【速度】为 01.00，【换片方式】为【自动换片】，如图 A06-12 所示。

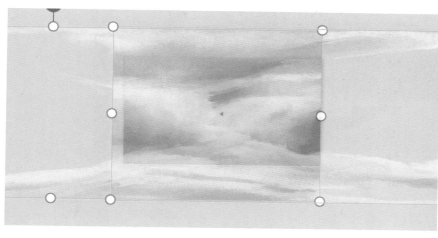

图 A06-11

图 A06-12

03 选中"音乐"，在动画窗口中设置【淡入】和【淡出】时长分别为【05.00】，选中【跨幻灯片播放】单选按钮，页数设置为【2】；选中【循环播放，直至停止】和【放映时隐藏】复选框，单击【设为背景音乐】按钮。为音乐添加出现动画，执行【添加效果】-【进入】-【出现】命令，调整出现时间，设置【开始】为【与上一动画同时】，如图 A06-13 所示。

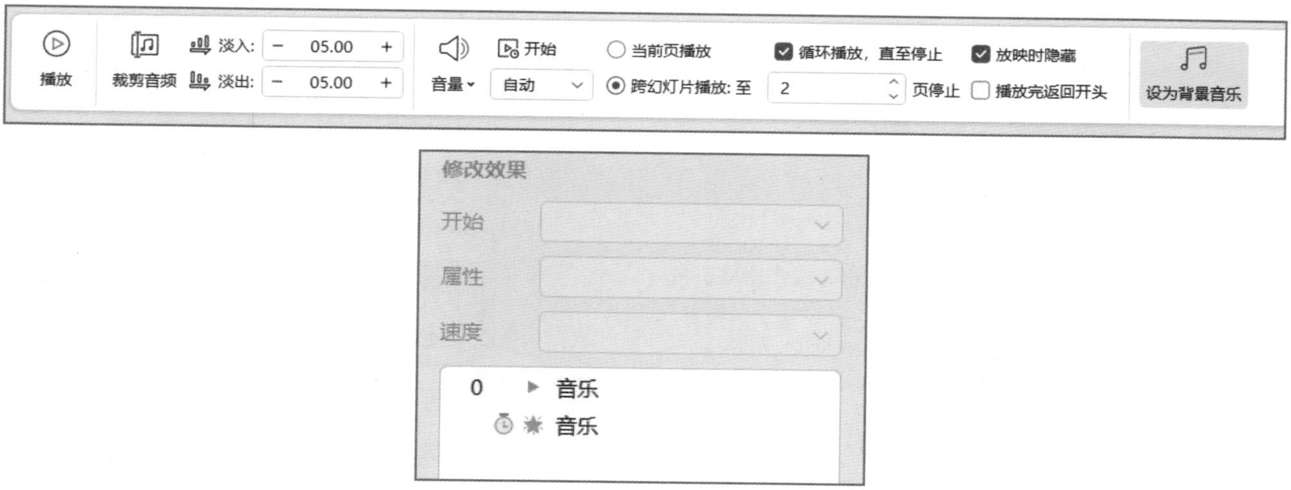

图 A06-13

04 将 Photoshop 中的素材导出为 PNG 格式，插入演示文档页面中，并对每个元素进行复位摆放，效果如图 A06-14 所示。

05 打开右侧任务窗格的【幻灯片切换】面板，设置切换方式为【平滑】，【效果选项】为【对象】，调整【速度】为 02.00，应用于幻灯片，如图 A06-15 所示。

图 A06-14

图 A06-15

图 A06-16

06 打开右侧【动画窗格】面板，单击【选择窗格】按钮，根据设计分别对本页的图片进行命名；将除"左侧云"和"右侧云"之外的其他图层隐藏，如图 A06-16 所示。

07 选中"雪组合"图层，单击并显示，为"雪组合"添加出现动画，执行【添加效果】-【进入】-【出现】命令。接下来丰富动画，执行【添加效果】-【绘制自定义路径】-【直线】命令，在【编辑区】拖曳向下路径，可以看到两个端点（绿色为起始点，红色为终点，单击效果可以更改端点位置），如图 A06-17（a）所示；调整出现时间，设置【开始】为【与上一动画同时】；调整动画速度，设置【速度】为【非常慢（5秒）】，如图 A06-17（b）所示；选择第二个动画，单击鼠标右键，在弹出的菜单中选择【计时】选项卡，在对话框中设置【重复】为【直到幻灯片末尾】，如图 A06-17（c）所示。

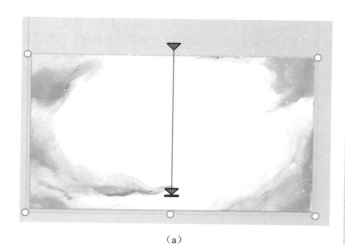

（a）

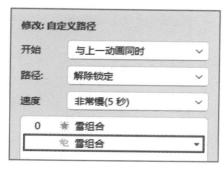

（b）

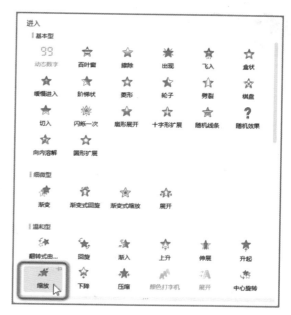

（a）

修改：缩放

开始	与上一动画同时 ⌄
缩放	内 ⌄
速度	快速(1 秒) ⌄
0	★ 雪组合
	❄ 雪组合
	✦ 故宫文创

（b）

图 A06-18

09 选中"副标题"和"精品"图层，单击并显示，为副标题添加出现动画。执行【添加效果】-【进入】-【缩放】命令，调整出现时间，设置【开始】为【与上一动画同时】；调整动画速度，设置【速度】为【快速（1秒）】，参数如图 A06-19 所示。

修改：缩放

开始	与上一动画同时 ⌄
缩放	内 ⌄
速度	快速(1 秒) ⌄
0	★ 雪组合
	❄ 雪组合
	✦ 故宫文创
	✦ 副标题
	✦ 精品

图 A06-19

（c）

图 A06-17

08 选中"故宫文创"图层，单击并显示，为标题添加出现动画。执行【添加效果】-【进入】-【缩放】命令，如图 A06-18（a）所示；调整出现时间，设置【开始】为【与上一动画同时】；调整动画速度，设置【速度】为【快速（1秒）】，参数如图 A06-18（b）所示。

10 选中"建筑插画""河流""右侧假山""左侧假山"图层，单击并显示，为元素添加出现动画。执行【添加效果】-【进入】-【上升】命令，如图 A06-20（a）所示；调整出现时间，设置【开始】为【与上一动画同时】；调整动画速度，设置【速度】为【慢速（3 秒）】，参数如图 A06-20（b）所示。

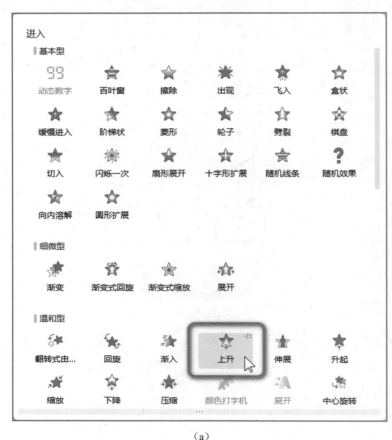

（a）

（b）

图 A06-20

11 选中"枯树"图层，单击并显示，为枯树添加出现动画。执行【添加效果】-【进入】-【缓慢进入】命令，如图 A06-21（a）所示；调整出现时间，设置【开始】为【与上一动画同时】；调整出现方向，选择【方向】为【自右侧】；调整动画速度，设置【速度】为【慢速（3 秒）】，参数如图 A06-21（b）所示。

（a）

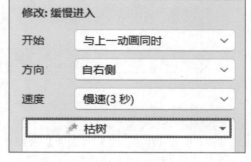

（b）

图 A06-21

⏺ 选中"大仙鹤"图层，单击并显示，为大仙鹤添加出现动画。执行【添加效果】-【绘制自定义路径】-【自由曲线】命令，绘制仙鹤从右下蜿蜒而上的效果，如图 A06-22（a）所示；调整出现时间，设置【开始】为【在上一动画之后】；调整动画速度，设置【速度】为【慢速（3 秒）】，参数如图 A06-22（b）所示。

（a）

（b）

图 A06-22

⏺ 用同样的方法制作"小仙鹤"从左上蜿蜒而下的动画效果，如图 A06-23 所示。调整出现时间，设置【开始】为【与上一动画同时】；调整动画速度，设置【速度】为【中速（2 秒）】，参数如图 A06-24 所示。

图 A06-23

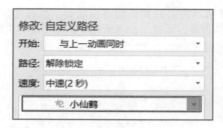

图 A06-24

14 至此，古风插画的PPT封面页动画制作完成，所有动画顺序如图 A06-25 所示。可根据自己的喜好添加其他动画效果。

图 A06-25

读书笔记

本课通过结合使用人工智能工具 ChatGPT 与 Mindshow，完成面包宣传推广方案 PPT 的制作，完成效果如图 A07-1 所示。

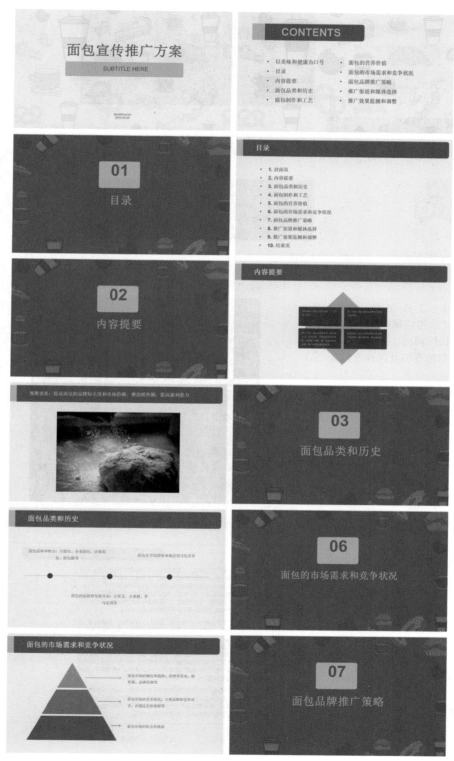

图 A07-1

图 A07-1（续）

操作步骤

01 首先利用 ChatGPT 生成 PPT 设计文案。使用 ChatGPT 输入需求，每个 PPT 都有封面和结尾页，页面文字不超过 200 字，并用 markdown 源代码输出。大部分区域将用于放置图片等信息，所以将必须有的页面及内容告知人工智能。

例如，在 ChatGPT 中输入以下需求。

请帮我创建一个以"面包宣传推广方案"为主题的 PPT 文档，遵循以下要求。

1. 有封面页和结尾页，并包含主、副标题

2. 有内容提要页

3. 每页面内容文字不可以超过 200 字

4. 总页数 :10 页以上

5. 请用 markdown 源代码块输出

随后得到 PPT 设计文案的 markdown 源代码，如图 A07-2 所示。

02 当生成的文案令人不满意或需要进一步优化时，可以继续向 ChatGPT 发出指令，例如，输入"将面包品类和历史这一页的原始文字扩充到 300 字以上。"即可生成所需的文本，如图 A07-3 所示。大家可以像与朋友交谈一样与 ChatGPT 进行互动，直接向它传达希望获取的信息，其他页面内容的润色和调整与此操作相同。

03 文案优化完成后，单击代码块右上角的 Copy 按钮，将其粘贴到 Mindshow 内容框中，单击【导入创建】按钮，如图 A07-4 所示。

04 创建 PPT 后的界面为左文右图，左边可继续对文案进行调整，右边调整模板和布局方式，如图 A07-5 所示。

图 A07-2

图 A07-3

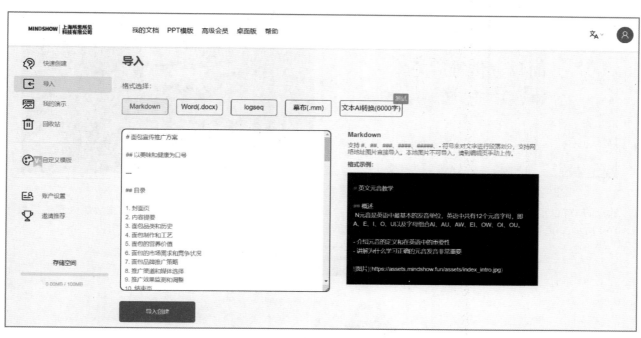

图 A07-4

图 A07-5

05 在选择模板时要切合主题含义。

◆ 与主题相关性：选择与演示主题相关的模板。这样可以让演示更加有针对性，也更容易吸引听众的注意力。

◆ 整体风格：选择一个与演示内容风格相匹配的模板。如果展示的内容比较正式，可以选择一款简约大方的模板；而如果是为了吸引年轻人的注意力，可以选择比较

活泼的模板。

◆ 配色搭配：选择合适的颜色进行搭配，使得演示界面看起来统一、协调。

如图 A07-6 所示，可以看出此模板采用蛋糕、咖啡、饮品作为背景，切合主题相关性，颜色与蛋糕颜色也相匹配。

图 A07-6

06 布局可以根据每页文案的数量和类型进行选择。如文案较多的页面内容，应选择带有文案层级处理的模板，如图 A07-7 所示；带有图片的页面内容选择如图 A07-8 所示的模板。

图 A07-7

图 A07-8

07 文案、模板、布局都调整好之后，在界面上方单击【下载】按钮，有两种格式，选择一种下载即可完成，PPTX 格式打开后可以再次进行修改，如图 A07-9 所示。最终效果如图 A07-1 所示。

图 A07-9

A08.1　封面设计

本课使用 Photoshop 和 WPS Office 联合完成毛玻璃风格的 PPT 页面制作，完成的效果如图 A08-1 所示。

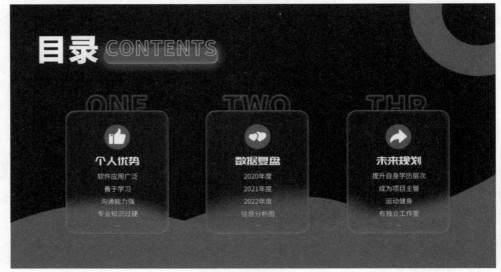

图 A08-1

操作步骤

01 新建 Photoshop 文档，【宽度】为 2000 像素，【高度】为 1125 像素，【分辨率】为 200，【颜色模式】为 RGB 颜色。

02 新建图层，创建一个纯色背景，填充【色值】为 #130b33。再新建图层丰富背景，根据 PPT 的主题颜色，设置【前景色】为 #8023ff。选择【画笔工具】✐，在【画笔预设选取器】面板中选择【常规画笔】-【柔边圆】预设画笔，在选项栏中调整【不透明度】参数为 40%，调整【流量】参数为 60%，使用画笔在画板右下方进行涂抹，效果如图 A08-2 所示。

03 使用【矩形工具】▢.创建一个宽度为 1577 像素，高度为 724 像素的圆角矩形，【填充】颜色为白色，将【图层混合模式】调整为【正片叠底】，调整【填充】参数为 10%，如图 A08-3 所示。

图 A08-2

图 A08-3

04 接下来选中"圆角矩形"图层，双击打开【图层样式】窗口，分别添加【描边】和【内阴影】效果，其中【内阴影】效果添加三次，参数设置如图 A08-4 ～图 A08-7 所示。完成效果如图 A08-8 所示。

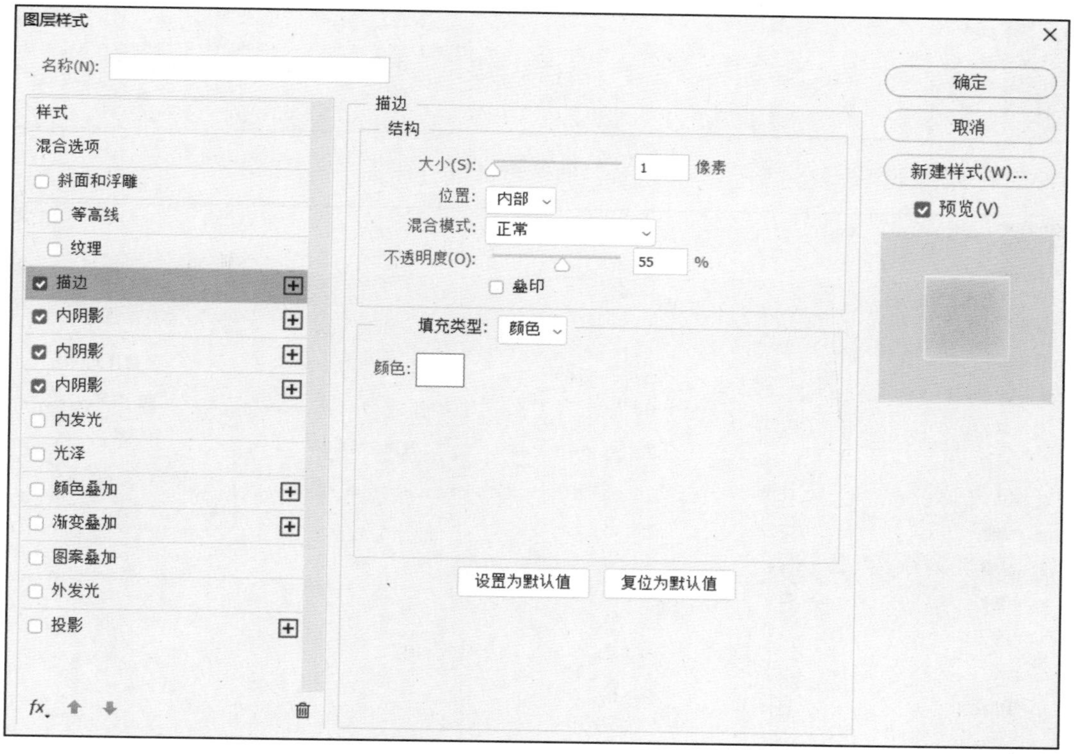

图 A08-4

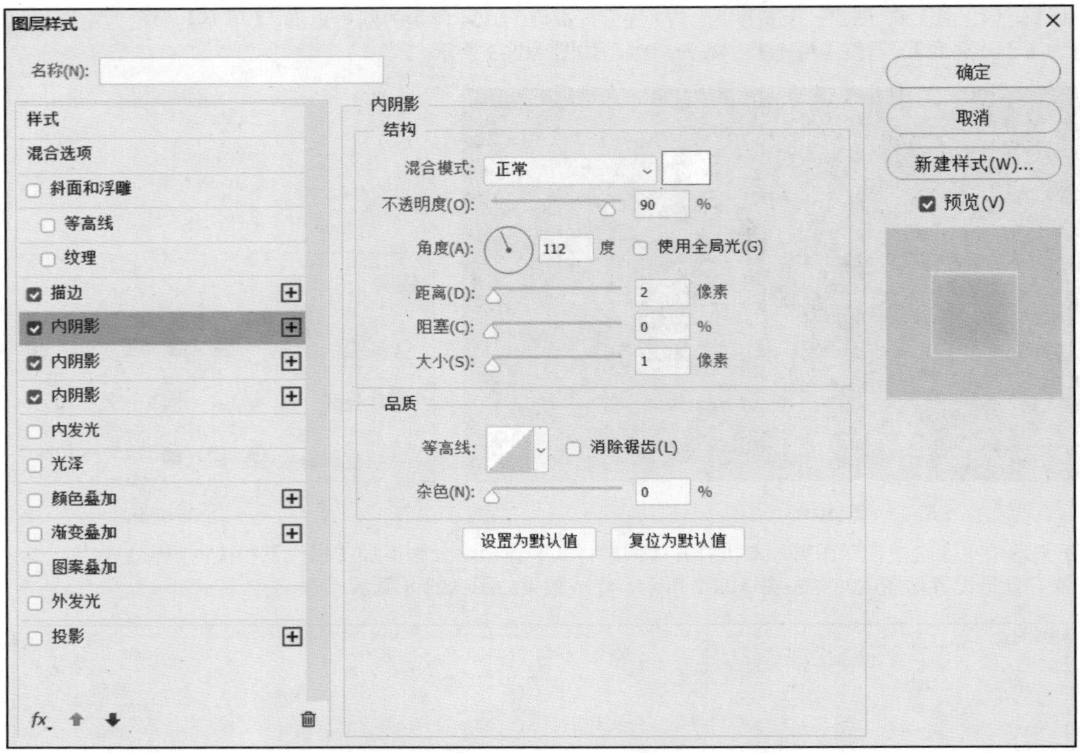

图层样式

名称(N): [　　　　　　　]

样式

混合选项
- ☐ 斜面和浮雕
  - ☐ 等高线
  - ☐ 纹理
- ☑ 描边　　　　　⊞
- ☑ 内阴影　　　　⊞
- ☑ 内阴影　　　　⊞
- ☑ 内阴影　　　　⊞
- ☐ 内发光
- ☐ 光泽
- ☐ 颜色叠加　　　⊞
- ☐ 渐变叠加　　　⊞
- ☐ 图案叠加
- ☐ 外发光
- ☐ 投影　　　　　⊞

fx. ⬆ ⬇　　　🗑

内阴影

结构

混合模式: 正常　　　　▾ [　]

不透明度(O): ────△──── 90 %

角度(A): (112) 112 度 ☐ 使用全局光(G)

距离(D): △──────── 2 像素

阻塞(C): △──────── 0 %

大小(S): △──────── 1 像素

品质

等高线: [◸] ▾ ☐ 消除锯齿(L)

杂色(N): △──────── 0 %

[设置为默认值] [复位为默认值]

确定
取消
新建样式(W)...
☑ 预览(V)

图 A08-5

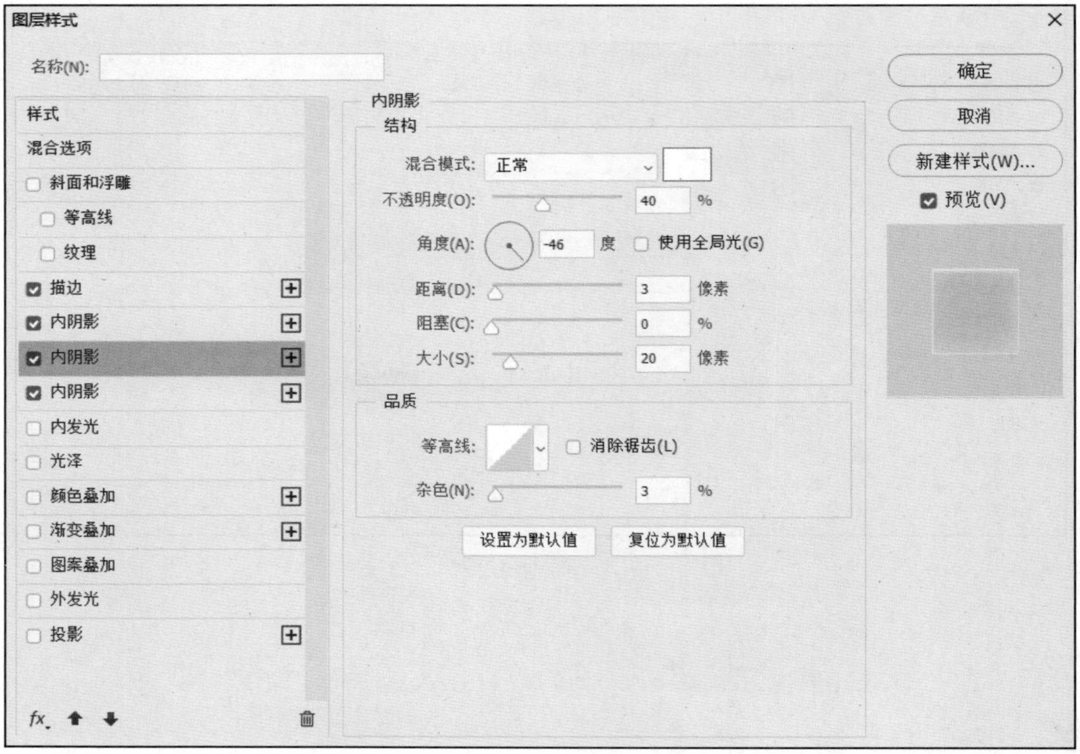

图层样式

名称(N): [　　　　　　　]

样式

混合选项
- ☐ 斜面和浮雕
  - ☐ 等高线
  - ☐ 纹理
- ☑ 描边　　　　　⊞
- ☑ 内阴影　　　　⊞
- ☑ 内阴影　　　　⊞
- ☑ 内阴影　　　　⊞
- ☐ 内发光
- ☐ 光泽
- ☐ 颜色叠加　　　⊞
- ☐ 渐变叠加　　　⊞
- ☐ 图案叠加
- ☐ 外发光
- ☐ 投影　　　　　⊞

fx. ⬆ ⬇　　　🗑

内阴影

结构

混合模式: 正常　　　　▾ [　]

不透明度(O): ──△────── 40 %

角度(A): (-46) -46 度 ☐ 使用全局光(G)

距离(D): △──────── 3 像素

阻塞(C): △──────── 0 %

大小(S): ───────△── 20 像素

品质

等高线: [◸] ▾ ☐ 消除锯齿(L)

杂色(N): △──────── 3 %

[设置为默认值] [复位为默认值]

确定
取消
新建样式(W)...
☑ 预览(V)

图 A08-6

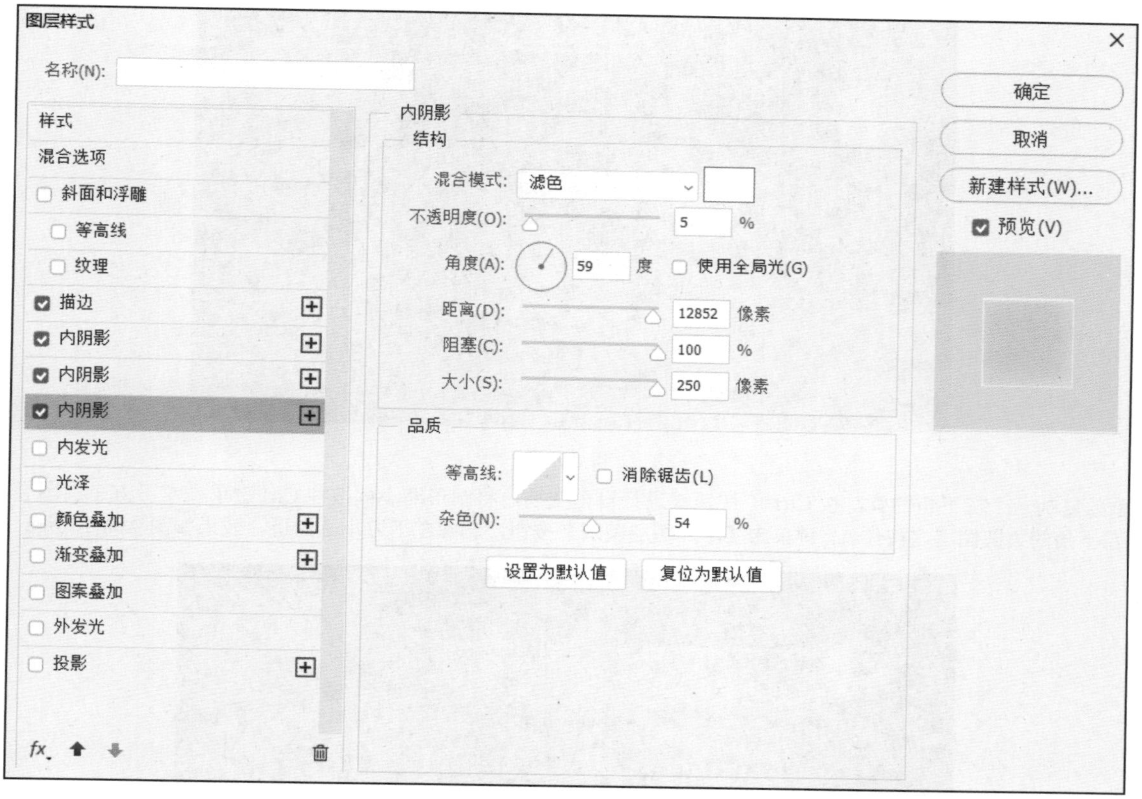

图层样式

名称(N): [_____]

确定

取消

新建样式(W)...

☑ 预览(V)

样式

混合选项

☐ 斜面和浮雕

　　☐ 等高线

　　☐ 纹理

☑ 描边　　　　⊞

☑ 内阴影　　　⊞

☑ 内阴影　　　⊞

☑ 内阴影　　　⊞

☐ 内发光

☐ 光泽

☐ 颜色叠加　　⊞

☐ 渐变叠加　　⊞

☐ 图案叠加

☐ 外发光

☐ 投影　　　　⊞

内阴影

结构

混合模式: 滤色 ⌄ [　]

不透明度(O): △————— 5 %

角度(A): (◐) 59 度 ☐ 使用全局光(G)

距离(D): —————△ 12852 像素

阻塞(C): —————△ 100 %

大小(S): —————△ 250 像素

品质

等高线: [◸] ⌄ ☐ 消除锯齿(L)

杂色(N): —△———— 54 %

[设置为默认值] [复位为默认值]

fx. ⬆ ⬇ 　　　🗑

图 A08-7

图 A08-8

05 使用【椭圆工具】 ◯. , 按住 Shift 键绘制多个正圆形状, 按 Ctrl+G 快捷键将这些图层编组, 命名为"圆", 放在"圆角矩形"图层的下方, 效果如图 A08-9 所示。

图 A08-9

06 单独复制一个左下角的圆,按 Ctrl+T 快捷键进行自由变换,将圆形缩小;按住 Ctrl 键单击左下方小圆图层,生成选区;选中左下角的大圆图层,按住 Alt 键单击【添加图层蒙版】按钮;删除左下方小圆图层,效果如图 A08-10 所示。

图 A08-10

07 接下来制作模糊效果。对"圆"组图层进行复制,自动生成"圆 拷贝"图层,将"圆"组图层进行隐藏;选择"圆拷贝"组内的"椭圆"图层,在【属性】面板中,单击【形状属性】-【蒙版】按钮,根据画面分别调整"椭圆"的【羽化】参数,参数设置及效果如图 A08-11 所示。

图 A08-11

08 按住 Ctrl 键单击"圆角矩形"图层生成选区，按 Shift+Ctrl+I 快捷键对选区进行反选；选中"圆"组图层，单击【图层蒙版】按钮创建蒙版，效果如图 A08-12 所示。

图 A08-12

09 根据上述步骤生成"圆角矩形"图层选区，选中"圆 拷贝"组图层，单击【图层蒙版】按钮，创建白色蒙版，效果如图 A08-13 所示。

图 A08-13

10 添加一些文字信息。使用【横排文字工具】 T.创建文本"SUMMARY"，选中"SUMMARY"文字图层，在【图层】面板中单击鼠标右键，选择【转换为形状】选项；在选项栏中调整【描边】参数为 1 像素，颜色为紫色渐变，如图 A08-14 所示。选中图层，双击打开【图层样式】窗口，添加【外发光】效果，如图 A08-15 所示。

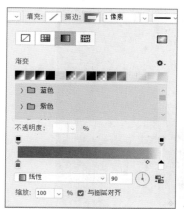

图 A08-14

图 A08-15

11 在【图层】面板中按住 Ctrl 键单击"圆角矩形"图层生成选区。选中"SUMMARY"图层按住 Alt 键单击【添加蒙版】创建黑色蒙版，效果如图 A08-16 所示。

图 A08-16

12 复制一个文字图层，选择文字缩略图按 Ctrl+T 快捷键进行自由变换，将调整文字位置，放置在圆角矩形的下方，效果如图 A08-17 所示。

图 A08-17

13 使用【横排文字工具】创建标题"竞聘述职报告 人力资源部"以及演讲人和汇报时间，为主标题添加【图层样式】中的【外发光】效果，效果如图 A08-18 所示。

图 A08-18

14 再绘制一些圆角矩形、装饰线完善整体画面，封面的制作就完成了，效果如图 A08-19 所示。

图 A08-19

A08.2 目录页设计

操作步骤

01 使用【移动工具】➕.在工作面板中单击【画板 1】，封面画板四周出现加号⊕按钮，单击下方的加号按钮，添加新画板制作目录页。

02 首先使用【横排文字工具】创建标题"目录""CONTENTS"。选中"CONTENTS"文字图层，在【图层】面板中单击鼠标右键，选择【转换为形状】选项；在选项栏中设置【描边】为白色，【描边宽度】为 2.5 像素，效果如图 A08-20 所示。

图 A08-20

03 使用【圆角矩形工具】在"CONTENTS"下方创建圆角矩形；选中"圆角矩形"图层，双击打开【图层样式】窗口，添加【内阴影】和【外发光】效果，具体参数设置及效果如图 A08-21 ～图 A08-24 所示。

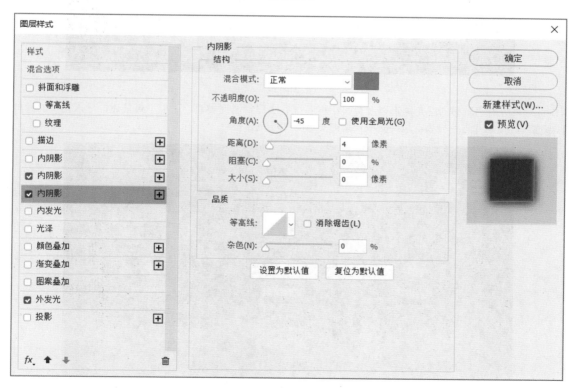

图 A08-21

图 A08-22

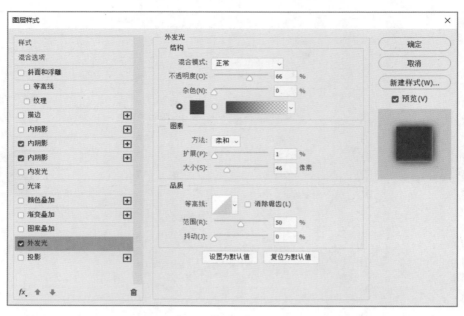

图 A08-23

图 A08-24

04 制作目录页中透明质感的圆角矩形以及数字小标题，方法与封面页类似，这里不再赘述。导入提供的素材图标，根据竞聘述职添加内容信息并进行排版，最终完成效果如图 A08-25 所示。

图 A08-25

A08.3 设计幻灯片中的动画效果

完成 PPT 的页面制作后，需要将这些素材分别导出为 PNG 格式，然后应用到 PPT 中，接下来讲解本综合案例中的幻灯片动画效果制作。

操作步骤

1. 新建演示

启动 WPS Office，新建【演示】。在功能区中执行【设计】-【幻灯片大小】-【自定义大小】命令，在【页面设置】对话框中调整【幻灯片大小】为【全屏显示（16：9）】，如图 A08-26 所示，单击【确定】按钮。在 WPS 演示页面，右击并选择【更换背景图片】选项，在弹出的【选择纹理】对话框中找到导出的"背景.png"素材，单击【打开】按钮应用背景。

2. 封面页

01 将演示文稿中的默认文本框删除。选中制作完成的封面素材，拖曳至演示文稿页面内。如果素材错位先将素材进行复位摆放，效果如图 A08-27 所示。

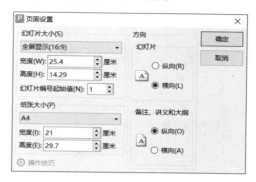

图 A08-26

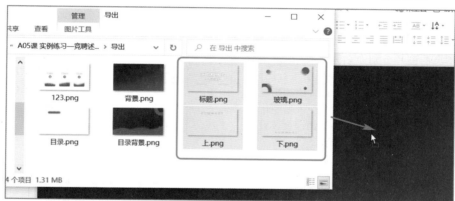

图 A08-27

02 打开右侧【幻灯片切换】面板，选择切换方式设置为【平滑】，【效果选项】为【对象】，【速度】参数为 02.00，应用于幻灯片，如图 A08-28 所示。

图 A08-28

03 打开右侧的【动画窗格】面板，单击【选择窗格】按钮，根据设计将本页的图片分别命名为"下""上""标题"和"背景"；将除"背景"之外的其他图层进行隐藏，如图 A08-29 所示。选中"背景"图层，为背景添加出现动画，执行【添加效果】-【进入】-【飞入】命令，调整出现方向，设置【方向】为【自左下部】；调整动画速度，设置【速度】为【快速（1 秒）】，如图 A08-30 所示。

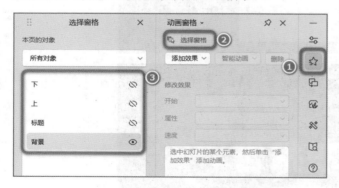

图 A08-29

图 A08-30

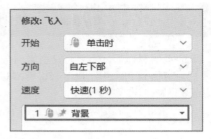

图 A08-30（续）

04 接下来为"标题"图层添加出现动画。选中"标题"图层，执行【添加效果】-【进入】-【百叶窗】命令；调整出现时间，设置【开始】为【在上一动画之后】；调整动画速度，设置【速度】为【快速（1 秒）】，如图 A08-31所示。

图 A08-31

05 为"上"图层添加出现动画。选中"上"图层，执行【添加效果】-【进入】-【飞入】命令；调整出现方向，设置【方向】为【自顶部】；调整动画速度，设置【速度】为【快速（1 秒）】，效果如图 A08-32 所示。

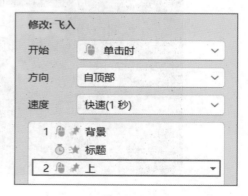

图 A08-32

06 为"下"图层添加出现动画。选中"下"图层，执行【添加效果】-【进入】-【飞入】命令；调整出现时间，设置【开始】为【与上一动画同时】；调整动画速度，设置【速度】为【快速（1秒）】，效果如图 A08-33 所示。

效果】-【进入】-【飞入】命令；调整出现方向，设置【方向】为【自顶部】；调整动画速度，设置【速度】为【快速（1秒）】，如图 A08-36 所示。

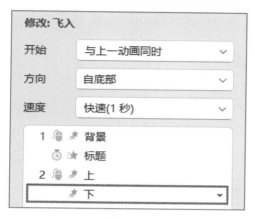

图 A08-33

07 至此，演示文稿的第一张封面动画制作完成，所有动画顺序如图 A08-34 所示。

3. 目录页

01 根据上述步骤导入图标（见图 A08-35），将图层命名为"标题"和"123"；选中"标题"图层，执行【添加

图 A08-34

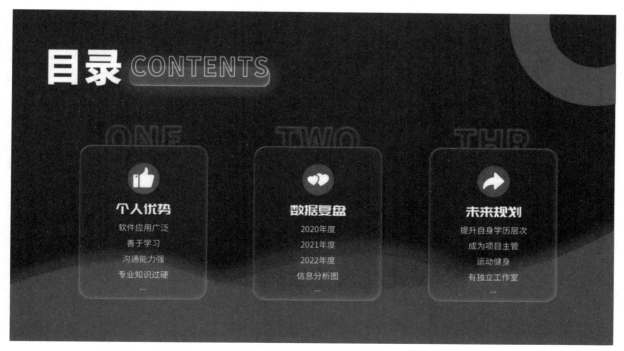

图 A08-35

图 A08-36

02 选中"123"图层,执行【添加效果】-【进入】-【百叶窗】命令;调整动画速度,设置【速度】为【快速(1 秒)】,效果如图 A08-37 所示。

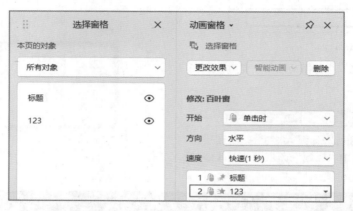

图 A08-37

03 至此,述职报告的目录页动画制作完成,所有动画顺序如图 A08-38 所示。可根据自己的喜好添加其他动画效果。

图 A08-38

小森经常会利用业余时间做案例练习，并将其发布到社交媒体上。最近，小森完成了关于市场调研方案的 PPT 制作。本作业练习最终完成的效果如图 A08-39 所示。

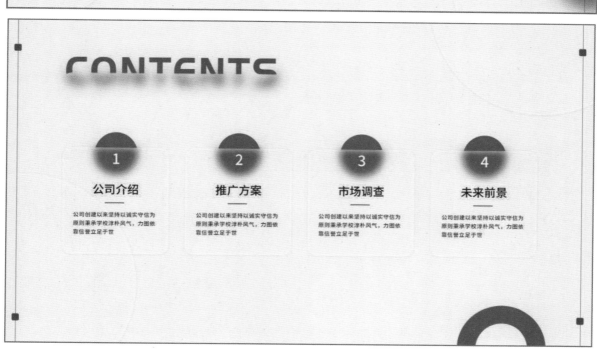

图 A08-39

作业思路

　　组合使用【矩形工具】【椭圆工具】【文字工具】，为图层创建【蒙版】，主要通过执行【滤镜】-【模糊】-【高斯模糊】命令进行设计，对图形、文字进行不同的效果设定，最后组合位置，摆放即可完成。

　　将设计文件导出为 PNG 格式，然后导入 PPT 中，制作幻灯片动画效果。

读书笔记

小森非常热爱自己的职业，设计不仅是他的工作，也是他的爱好。因此，他在业余时间也会进行案例练习，以提升自己的设计能力。本次，小森选择了颇具时尚感的设计风格，对封面和目录页的设计非常满意。他决定将这个设计制作成一份完整的 PPT 演示文稿。

A09.1　封面设计

本综合案例完成的效果如图 A09-1 所示。

图 A09-1

设计思路

（1）绘制椭圆、制作模糊效果进行背景设计。

（2）将产品主图添加装饰，突出产品。

（3）将图中所有文案进行层级处理。

操作步骤

01 启动 Photoshop，新建文档，设置【宽度】为 1920 像素，【高度】为 1080 像素，选中【画板】复选框，设置【分辨率】为 72，【颜色模式】为 RGB 颜色。

02 首先制作背景。使用【椭圆工具】绘制正圆，填充【颜色】为暗红色，执行【滤镜】-【模糊】-【高斯模糊】命令，置于背景右上方位置，再复制一层到左下方位置，调整高斯模糊的值即可完成，效果如图 A09-2 所示。

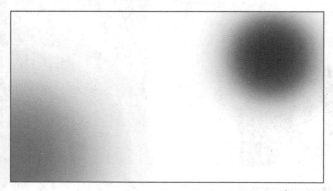

图 A09-2

03 使用【圆角矩形工具】绘制矩形，使用【直接选择工具】将矩形下方的锚点删除。打开本课"模特"素材，置于矩形上方，右击并选择【创建剪贴蒙版】选项。绘制暗红色矩形，置于产品图下方，组合使用【椭圆工具】和【多边形工具】绘

制圆环，进行编组，置于界面右上方，效果如图 A09-3 所示。

图 A09-3

04 组合使用【文字工具】【椭圆工具】制作 PPT 文案，置于界面左侧，效果如图 A09-4 所示。

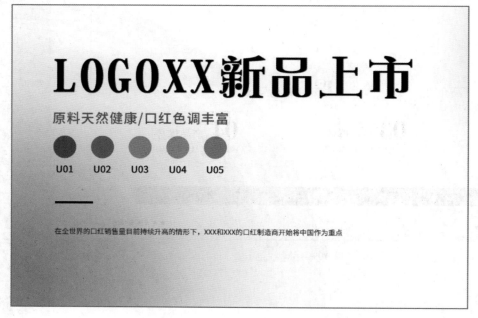

图 A09-4

05 最后使用【文字工具】【多边形工具】制作辅助性元素，并进行排版，效果如图 A09-5 所示。

图 A09-5

A09.2　目录页设计

操作步骤

01 在完成封面设计后，使用【移动工具】➕在工作面板中单击【画板1】，封面画板四周出现加号➕按钮，单击下方的加号按钮，添加新画板，制作目录页。

02 将封面设计元素复制到该画板中，将下方页面改为"01"，效果如图A09-6所示。

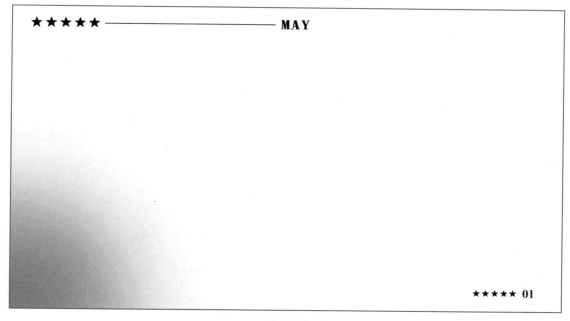

图 A09-6

03 输入大标题"目录"置于左上方，使用【文字工具】输入文字，注意"目录"排版的层级关系，将"目录"标题不规则地置于界面中，效果如图A09-7所示。

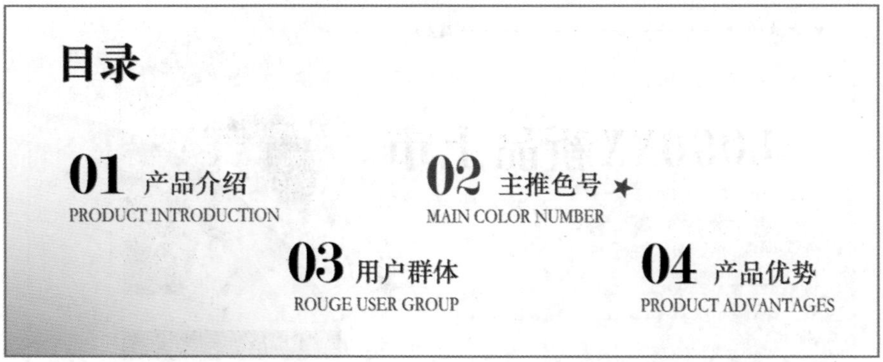

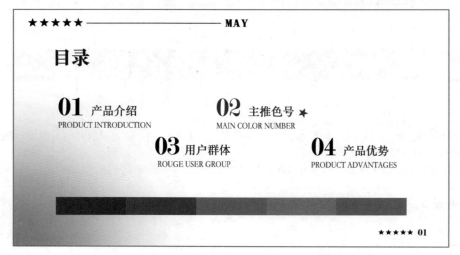

图 A09-7

04 最后使用【矩形工具】绘制矩形，分别填充口红宣传色调即可完成本页面的制作，摆放效果如图 A09-8 所示。

图 A09-8

A09.3　设计幻灯片中的动画效果

完成 PPT 的页面制作后，需要将这些素材分别导出为 PNG 格式然后应用到 PPT 中，下面讲解本综合案例的部分页面中添加的一些重点动画效果。

操作步骤

1．新建演示

启动 WPS Office 演示文稿，新建【演示】，在菜单栏中单击【设计】-【页面设置】按钮，弹出【页面设置】对话框，在该对话框中调整【幻灯片大小】为【全屏显示（16：9）】，如图 A09-9 所示，单击【确定】按钮；在 WPS 演示页面，单击鼠标右键并选择【更换背景图片】选项，在弹出的【选择纹理】对话框中找到导出的"背景 .png"素材，单击【打开】按钮并应用到背景中。

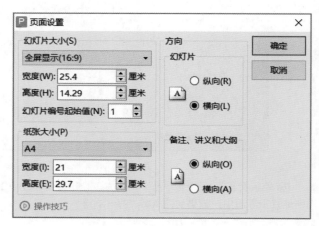

图 A09-9

2．封面页

01 将演示文稿中的默认文本框删除；选中制作完成的封面素材，拖曳至演示文稿页面内。如果素材发生了错位应先将素材进行复位摆放，效果如图A09-10所示。

图 A09-10

02 打开右侧【幻灯片切换】面板，设置切换方式为【平滑】，【效果选项】为【对象】，【速度】参数为02.00，应用于幻灯片中，如图A09-11所示。

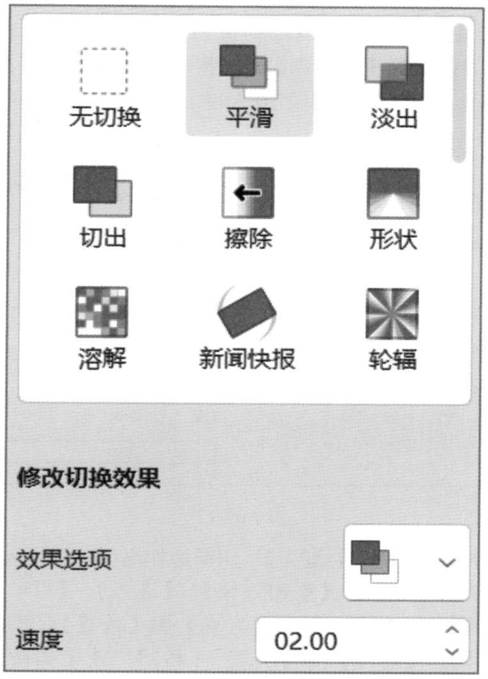

03 打开右侧的【动画窗格】面板，单击【选择窗格】按钮，根据设计将本页的图片分别命名为"文案""标题""主图"和"LOGO"；将"LOGO"之外的其他图层隐藏；选中"LOGO"图层，单击显示，为LOGO添加出现动画，执行【添加效果】-【进入】-【缓慢进入】命令，调整动画速度，设置【速度】为【快速（1秒）】，如图A09-12所示。

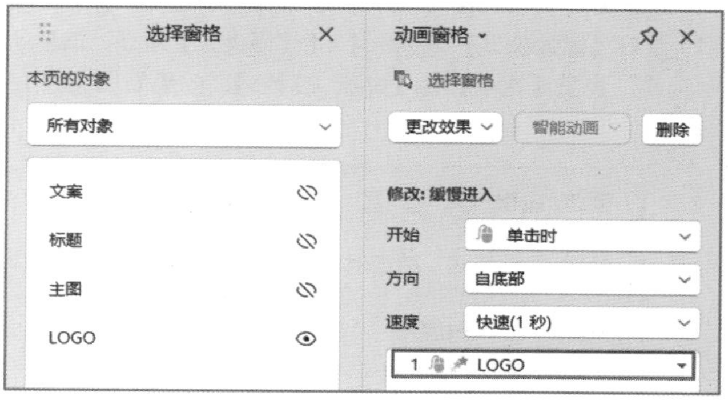

图 A09-12

04 接下来为"主图"图层添加出现动画。选中"主图"图层，执行【添加效果】-【进入】-【百叶窗】命令；调整动画速度，设置【速度】为【快速（1秒）】，效果如图A09-13所示。

图 A09-11

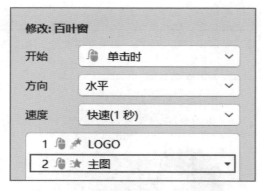

图 A09-13

05 为"标题"图层添加出现动画。选中"标题"图层，执行【添加效果】-【进入】-【缓慢进入】命令；调整出现方向，设置【方向】为【自顶部】；调整动画速度，设置【速度】为【快速（1秒）】，效果如图 A09-14 所示。

图 A09-14

06 为"文案"图层添加出现动画。选中"文案"图层，执行【添加效果】-【进入】-【缓慢进入】命令；调整动画速度，设置【速度】为【中速（2秒）】，效果如图 A09-15 所示。

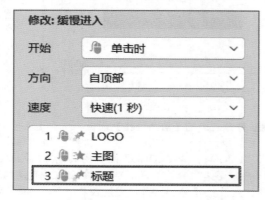

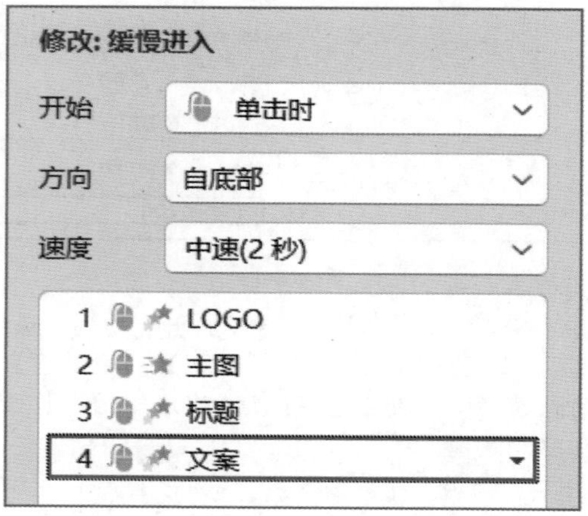

图 A09-15

07 至此，演示文稿的第一张封面动画制作完成，所有动画顺序如图 A09-16 所示。

图 A09-16

3. 目录页

01 根据上述步骤导入图标并将图层命名为"色卡""标题12"，"标题34"和"目录"；选中"目录"图层，执行【添加效果】-【进入】-【缓慢进入】命令；调整出现方向，设置【方向】为【自顶部】；调整动画速度，设置【速度】为【快速（1秒）】，效果如图 A09-17 所示。

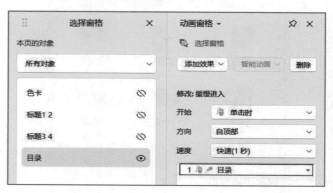

图 A09-17

02 接下来为"标题12"图层添加出现动画。选中"标题12"图层，执行【添加效果】-【进入】-【百叶窗】命令；调整出现方向，设置【方向】为【垂直】；调整动画速度，设置【速度】为【快速（1秒）】，效果如图 A09-18 所示。

修改: 百叶窗
开始
单击时
方向
垂直
速度
快速(1 秒)
1 目录
2 标题1 2

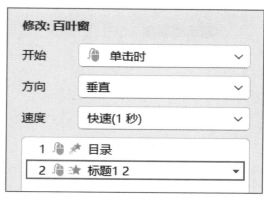

图 A09-18

03 为“标题 3 4”图层添加出现动画。选中“标题 3 4”图层，执行【添加效果】-【进入】-【百叶窗】命令；调整出现方向，设置【方向】为【垂直】；调整动画速度，设置【速度】为【快速（1 秒）】，效果如图 A09-19 所示。

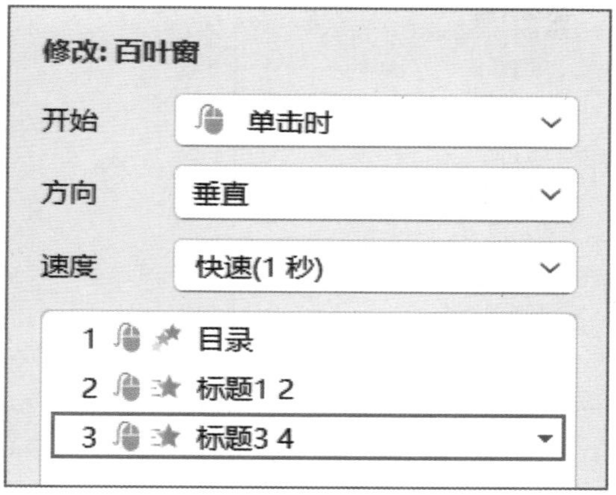

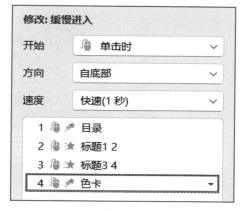

修改: 百叶窗
开始
单击时
方向
垂直
速度
快速(1 秒)
1 目录
2 标题1 2
3 标题3 4

图 A09-19

04 为“色卡”图层添加出现动画。选中“色卡”图层，执行【添加效果】-【进入】-【缓慢进入】命令；调整动画速度，设置【速度】为【快速（1 秒）】，效果如图 A09-20 所示。

05 至此，演示文稿的第二张目录动画制作完成，所有动画顺序如图 A09-21 所示。可根据自己的喜好添加其他动画效果。

修改: 缓慢进入
开始
单击时
方向
自底部
速度
快速(1 秒)
1 目录
2 标题1 2
3 标题3 4
4 色卡

图 A09-20

动画窗格
选择窗格
添加效果
智能动画
删除
修改效果
开始
属性
速度
1 目录
2 标题1 2
3 标题3 4
4 色卡
重新排序

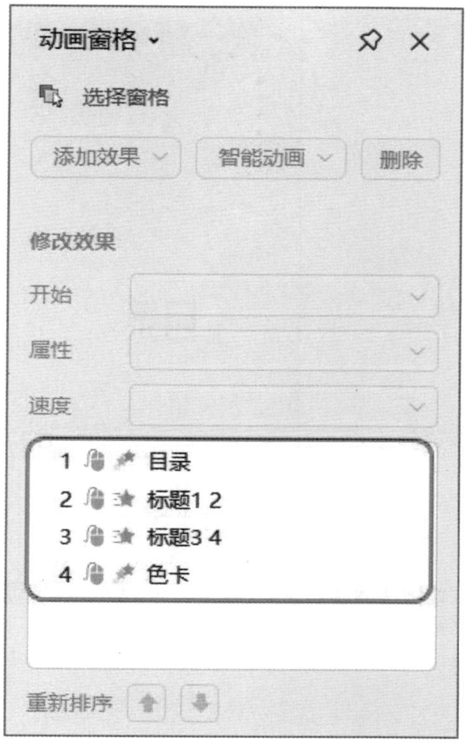

图 A09-21

A09.4 作业练习——品牌营销策划封面、目录页制作

小森帮朋友制作了以品牌营销策划为主题的 PPT，朋友看到后非常感谢小森，表示要拜小森为师。

本作业练习最终完成的效果如图 A09-22 所示。

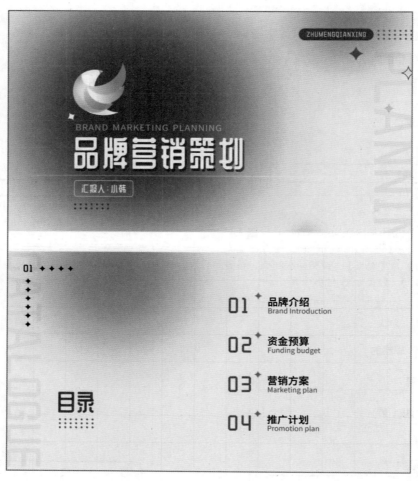

图 A09-22

作业思路

组合使用【椭圆工具】【文字工具】【线条工具】，对圆形执行【滤镜】-【模糊】-【高斯模糊】命令，进行效果设置，最后组合位置，摆放即可完成。

将设计文件导出为 PNG 格式，然后导入 PPT 中，制作幻灯片动画效果。

 读书笔记

B 案例篇

进阶操作 案例讲解

本篇将带领读者深入学习 PPT 案例的制作，包括活动安排策划、年终总结报告、旅游 App 产品介绍、活动团建策划书、运动品牌营销方案、古诗词鉴赏课件、科技引领未来、个人作品集、网络科技公司企业宣传、商业计划书、企业规划等案例，通过实战案例读者可进一步掌握 PPT 的制作方法。

公司签下了一份重要的大单，为了感谢全体员工的辛勤工作，老板决定组织一次活动奖励大家。作为公司的设计师，活动 PPT 设计的工作由小森完成。在完成设计后，老板非常满意，决定提拔小森为设计主管。

本案例由 WPS 演示制作，完成效果如图 B01-1 所示。

图 B01-1

设计思路

（1）确定 PPT 风格后选择黄色为主色调。

（2）企业页面要延续封面元素及色彩搭配。

（3）使用活泼有力的标题以搭配 PPT 风格。

首先启动 WPS Office，新建【演示】。选择以【白色】为背景色新建空白演示，在功能区中执行【设计】-【幻灯片大小】-【自定义大小】命令，打开【页面设置】对话框，设置【幻灯片大小】为【全屏显示（16∶9）】，如图 B01-2 所示。

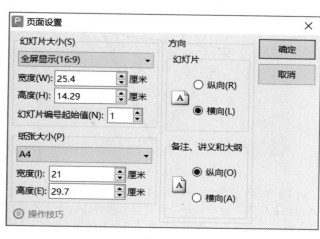

图 B01-2

B01.1 封面设计

操作步骤

01 按 Ctrl+M 快捷键新建幻灯片，单击右侧任务窗格的【对象属性】按钮，打开【对象属性】任务窗格，为背景填充颜色，颜色为黄色，如图 B01-3 所示。

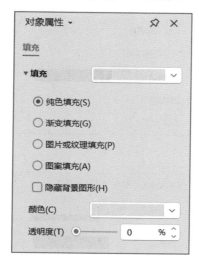

图 B01-3

02 完成背景创建后，开始绘制页面上的装饰素材。在功能区中执行【开始】-【选择】-【选择窗格】命令，打开【选择窗格】面板以方便后面的对象选择，如图 B01-4 所示。继续在功能区中执行【插入】-【形状】命令，选择【基本形状】中的等腰三角形，在【对象属性】任务窗格中的【形象选项】中设置形状的外观，设置【填充】颜色为淡粉色、【线条】为实线、黑色、3 磅。选中三角形，单击【旋转】按钮，对三角形进行旋转，效果如图 B01-5 所示。

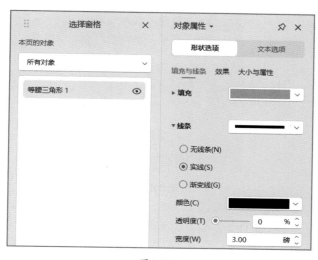

图 B01-4

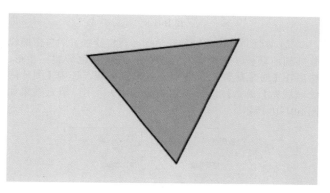

图 B01-5

03 复制一个淡粉色三角形放到第一个三角形的下方，填充橙色，如图 B01-6 所示。

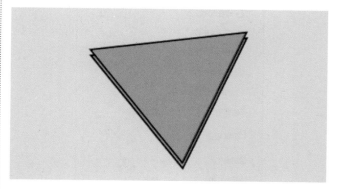

图 B01-6

04 在功能区中执行【插入】-【形状】命令，选择【线条】中的【自由曲线】，在页面中绘制如图 B01-7 所示的线条，将线条的颜色设置为白色，线条【宽度】为 5 磅，如图 B01-8 所示。

图 B01-7

图 B01-8

05 复制一个粉色等腰三角形，再将绘制好的自由曲线复制到剪贴板（快捷键为 Ctrl+C）。选择粉色等腰三角形，然后在【对象属性】窗格中设置形状外观，选中【图片或纹理填充】单选按钮，参数如图 B01-9 所示，填充效果如图 B01-10 所示。

图 B01-9

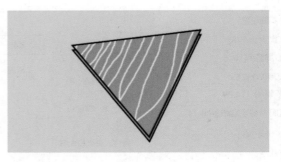

图 B01-10

06 在功能区中执行【插入】-【形状】命令，选择【基本形状】中的平行四边形，将其插入页面中。在【对象属性】窗格中设置形状外观，设置【填充】颜色为紫色，【线条】为实线、黑色、3 磅，参数如图 B01-11 所示；为平行四边形添加阴影效果，切换到【效果】栏设置阴影，参数如图 B01-12 所示。效果如图 B01-13 所示。

图 B01-11

图 B01-12

◆ PPT+Photoshop+AIGC创意演示设计速成

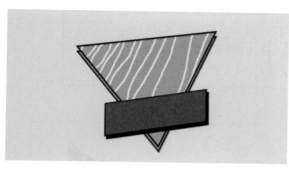

图 B01-13

07 在功能区中执行【开始】-【文本框】命令，插入一个文本框，输入标题"活动安排策划"。在【对象属性】窗格中切换到【文本选项】选项卡，在【填充与轮廓】栏中设置文字的外观，设置【文本填充】颜色为白色，【文本轮廓】为实线、黑色、1.5磅；在【效果】栏中设置阴影，参数如图 B01-14 所示。在浮动面板中设置文本为【倾斜】，摆放位置及效果如图 B01-15 所示。

图 B01-14

图 B01-15

08 再次插入两个文本框，分别输入文字内容"2032""汇报人：×××"，使用与步骤 07 相同的方法设置字体的颜

色、轮廓和阴影，效果如图 B01-16 所示。

图 B01-16

09 使用其他形状绘制装饰素材。在功能区中执行【插入】-【形状】命令，选择【箭头总汇】中的左箭头和【基本形状】中的椭圆、同心圆、图文框和三角形，如图 B01-17 所示。使用与步骤 02 相同的方法为这些元素添加颜色和描边，摆放位置及效果如图 B01-18 所示。

图 B01-17

图 B01-18

10 在功能区中执行【插入】-【形状】命令，选择【箭头总汇】中的燕尾形箭头，如图 B01-19 所示。将其复制多个并组合在一起，填充颜色为黑色，效果如图 B01-20 所示。

图 B01-19

图 B01-20

11 创建两个相同大小的等腰三角形，将步骤 10 中的黑白条纹形状剪贴到三角形中，参数设置如图 B01-21 所示，完成效果如图 B01-22 所示。将三角形摆放到封面页中，效果如图 B01-23 所示。

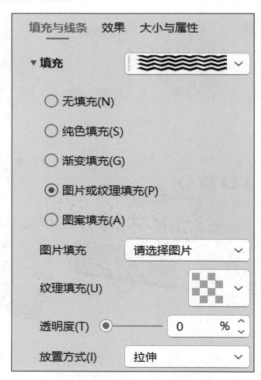

图 B01-21

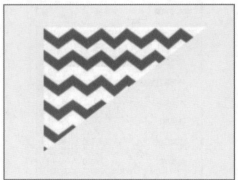

图 B01-22

图 B01-23

12 使用多个圆形创建波点效果，再将这些圆形组合，填充颜色为白色，如图 B01-24 所示。最后使用星星形状、圆形填充画面空隙，效果如图 B01-25 所示。

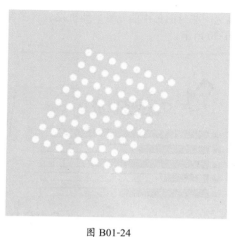

图 B01-24

图 B01-25

B01.2　设计其他页幻灯片

操作步骤

1.　目录页

在功能区中执行【插入】-【形状】命令插入一个矩形，为矩形【填充】颜色和添加【线条】，最后复制出多组矩形，更改矩形【填充】颜色，然后将封面页中的装饰素材复制到目录页上，并调整这些素材的摆放位置，效果如图 B01-26 所示。

图 B01-26

2.　过渡页、结束页

将封面页中的装饰素材复制到过渡页和结束页中，并调整这些素材的摆放位置。然后添加每一页中的内容信息，如过渡页的"策划背景"、结束页的致谢词"THANKS"等，效果如图 B01-27 所示。

图 B01-27

3.　图表页

01 在功能区中执行【插入】-【矩形】命令，绘制多个矩形，按照数据信息调整矩形的长度，将左侧的矩形设置【填充】颜色为紫色，【线条】为黑色、2 磅；将右侧的矩形设置【填充】为无，【线条】为黑色、2 磅，如图 B01-28 所示。

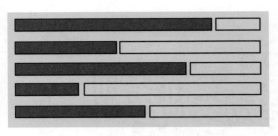

图 B01-28

02 使用文本框为图表添加数据，效果如图 B01-29 所示。

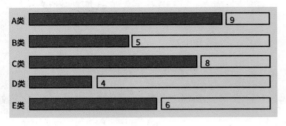

图 B01-29

03 挑选一些封面页中的元素，随机摆放到图表页，效果如图 B01-30 所示。

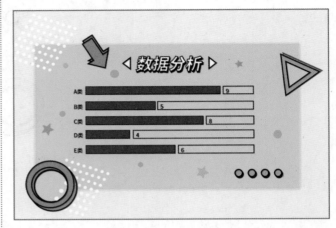

图 B01-30

B01.3 设计幻灯片中的动画效果

在 PPT 制作完成之后，需要着手设计幻灯片的动画效果。

操作步骤

01 复制一个封面页，将第一个封面页中的装饰素材放在页面周围，删除主题元素组，如图 B01-31 所示。然后设置第 1 页和第 2 页幻灯片的切换效果为【平滑】，【速度】为 00.75，如图 B01-32 所示。

图 B01-31

图 B01-31（续）

02 复制一个封面页，将第 3 页的所有元素移动到页面之外，设置切换效果为【平滑】，效果如图 B01-33 所示。

03 复制一个目录页，如图 B01-34 所示，然后选中"目录"及其下方的 4 个项目，如图 B01-35 所示。在【动画窗格】中添加【渐变】效果，如图 B01-36 所示。将第 5 页的所有元素移动到页面之外，然后设置第 4 页和第 5 页的幻灯片切换效果为【平滑】。

图 B01-32

图 B01-33

图 B01-34

图 B01-35

图 B01-36

04 对过渡页上的装饰素材分别添加【飞入】动画效果，将所有的素材的方向都设置为由四周收缩聚拢到中心的效果，如图 B01-37 所示。箭头素材的动画效果为【自定义路径】，幻灯片切换效果为【淡出】，参数设置如图 B01-38 所示。

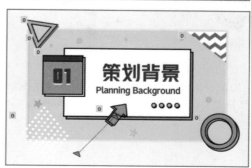

图 B01-37

05 复制两个图表页，如图 B01-39 所示，将第 7 页的图表素材移动到页面之外，效果如图 B01-40 所示。第 8 页内容保持不变，将第 9 页的所有素材都移动到页面之外，效果如图 B01-41 所示。

图 B01-38

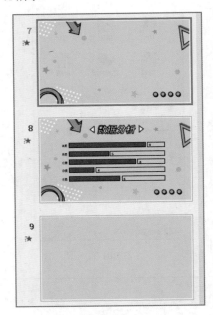

图 B01-39

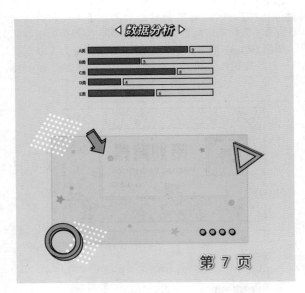

图 B01-40

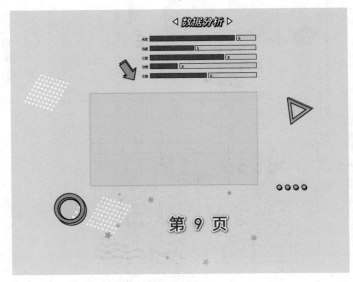

图 B01-41

06 复制一份结束页，将第 10 页中的"THANKS"删除，只保留装饰素材，如图 B01-42 所示。将第 10 页和第 11 页的幻灯片切换效果设置为【平滑】，参数设置如图 B01-43 所示。

图 B01-42

图 B01-43

07 至此，活动安排策划 PPT 的动画效果添加完成。按 Shift+F5 快捷键播放幻灯片，查看动画效果。可根据自己的喜好以同样方法添加其他动画效果。

读书笔记

一年又要结束了，我们迎来了一年一度的年终报告撰写时刻。新的一年给人焕然一新的感觉，每年老板都会安排小森设计年终总结报告的 PPT 模板。每次小森将新的设计分享给同事时，他们总是赞扬小森的设计出色。小森听到这些赞美非常开心，并表示将来会变得更加优秀。

本案例将重点讲解演示文档中的字体设计以及部分小图标的设计，最终完成的效果如图 B02-1 所示。

图 B02-1

设计思路

（1）制作封面，确定风格及主色调。

（2）延续风格进行元素搭配。

（3）结尾页设计与封面首尾呼应。

B02.1 封面设计

操作步骤

01 启动 Photoshop，新建文档，设置【宽度】为 2000 像素，【高度】为 1125 像素，选中【画板】复选框，设置【分辨率】为 200，【颜色模式】为 RGB 颜色。

02 新建图层，将前景色设置为蓝色，按 Alt+Delete 快捷键填充颜色。然后使用【矩形工具】□拖动圆角控制点使其变为"圆角矩形"，新建图层创建黑色矩形，右击并创建剪贴蒙版；使用【矩形工具】□创建白色矩形，设置【描

边】为 1 像素，设置【圆角半径】为 27 像素，如图 B02-2 所示；使用【椭圆工具】◯创建两个椭圆装饰，其中一个填充为白色，另一个填充为蓝色，描边为白色，如图 B02-3 所示。

03 在【图层样式】面板中，为白色圆角矩形添加【投影】效果，参数设置如图 B02-4 所示。打开本课提供的素材图片并插入画面中，如图 B02-5 所示。

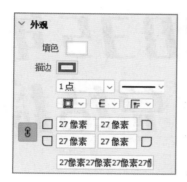

图 B02-2

图 B02-3

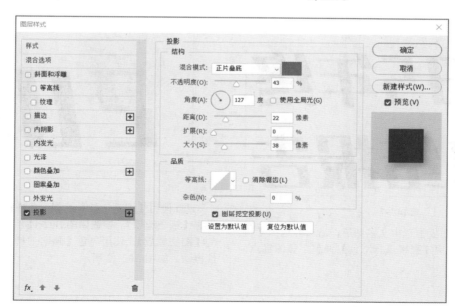

图 B02-4

图 B02-5

04 现在开始制作封面的创意标题文字。使用【横排文字工具】创建文字"2035年终总结报告"，然后在【字符】面板中设置字体样式，参数如图 B02-6 所示，效果如图 B02-7 所示。

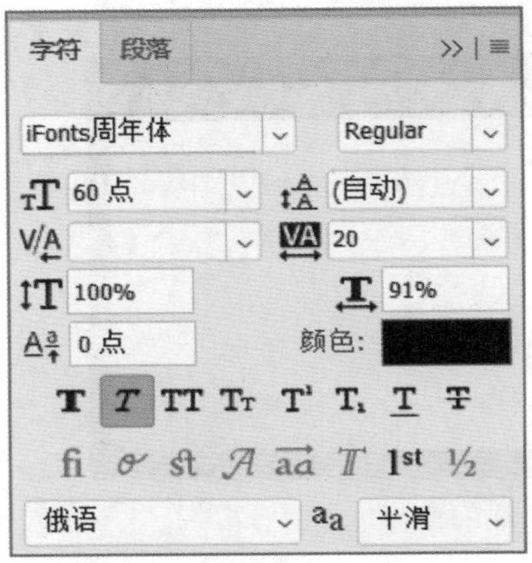

图 B02-6

图 B02-7

05 在【图层】面板中选中文字图层，右击并选择【转换为形状】选项，使用【直接选择工具】调整字体的锚点，

删除一些笔画进行重新设计，如图 B02-8 所示。

图 B02-8

06 使用【椭圆工具】◯、【矩形工具】▢和【钢笔工具】⬦将字体笔画的结构用抽象的方式表现出来，绘制两个正圆，填充颜色为黄色，再绘制一个描边为黄色，【描边宽度】为 14 像素的圆环，使用【矩形工具】绘制一个圆角矩形，效果如图 B02-9 所示。

图 B02-9

07 创建两个圆形作为装饰放在文字上，添加蒙版做出前后遮盖的效果，如图 B02-10 所示。

图 B02-10

08 使用【钢笔工具】绘制一条虚线路径，在控制栏中设置【描边选项】，参数如图 B02-11 所示。为虚线添加白色的【图层蒙版】，使用黑色【画笔工具】将遮盖住字体的虚线擦除，如图 B02-12 所示。

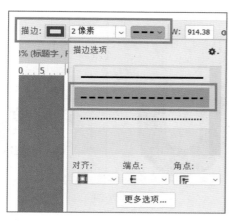

图 B02-11

图 B02-14

图 B02-12

09 使用【横排文字工具】创建新文字"课程部门"，如图 B02-13 所示。在【字符】面板中对文字进行调整，参数如图 B02-14 所示。调整完成后将文字转为形状，设置【描边颜色】为黑色，【描边宽度】为 3 像素，最后为文字添加蒙版，使用【画笔工具】✐擦出如图 B02-15 所示的效果。

图 B02-15

10 最后，添加其他的文案信息，如汇报人、英文文案等，效果如图 B02-16 所示。

图 B02-16

图 B02-13

B02.2　设计其他页幻灯片

操作步骤

1. 目录页

01 制作目录页上的小标题序号图标。以数字"02"为例，使用【矩形工具】创建宽度为 39 像素、高度为 86.5 像素的矩形，设置【描边颜色】为蓝色，【描边宽度】为 19 像素，参数如图 B02-17 所示，效果如图 B02-18 所示。

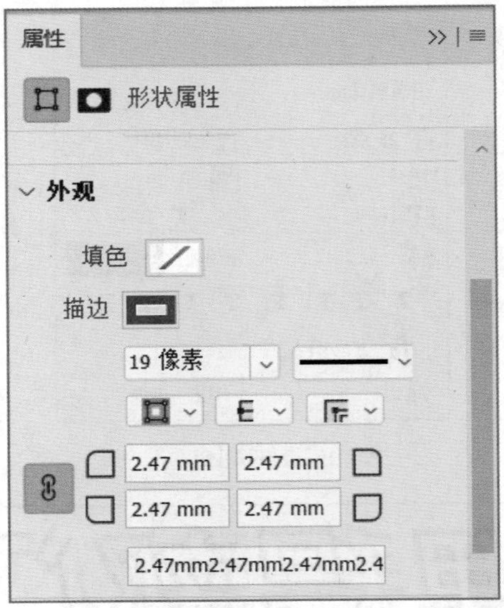

图 B02-17

图 B02-18

02 复制一个圆角矩形，使用【钢笔工具】在描边路径的中间处添加两个锚点，然后使用【直接选择工具】▶.选择下面的路径，按 Delete 键删除，设置颜色为浅蓝色，最后将其放在深蓝色的上方，如图 B02-19 所示。

图 B02-19

03 使用【矩形工具】【椭圆工具】创建多个图形。拖动"小矩形"的圆角控制点，使其变为"圆角矩形"，效果如图 B02-20 所示。

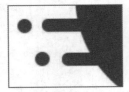

图 B02-20

04 对这部分的矩形建立白色蒙版，如图 B02-21 所示；再创建一个圆角矩形，在【图层】面板中对圆角矩形进行选区，单击蒙版，然后按住 Alt+Delete 快捷键填充黑色，效果如图 B02-22 所示。

图 B02-21

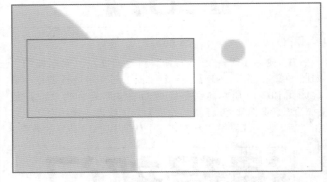

图 B02-22

05 使用【矩形工具】创建两个和步骤 **04** 颜色相同的小圆角矩形，摆放位置如图 B02-23 所示。然后使用【钢笔工具】绘制两条路径线段，在控制栏中设置参数，如图 B02-24 所示。

图 B02-23

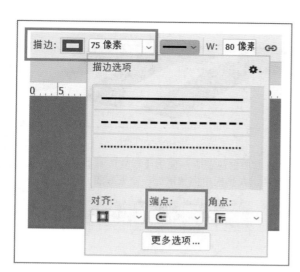

图 B02-26

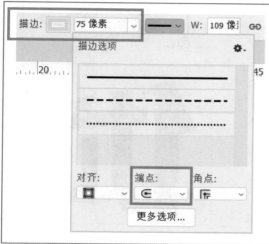

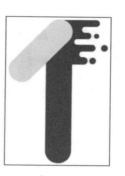

图 B02-27

08 最后按 Ctrl+G 快捷键对数字 "0" "1" 进行编组，在【图层】面板中右击并选择【转换为智能对象】选项，这样就可以将图形更方便快捷地以图标的方式应用到画面中。其他数字的制作方法相同，这里不再赘述，最终完成效果如图 B02-28 所示。

图 B02-28

2. 内容页

下面以优缺点总结页（幻灯片的第 6 页）为例，讲解内容页的制作。

01 使用【横排文字工具】创建文字 "优" "缺"，参数设置如图 B02-29 所示，效果如图 B02-30 所示。

图 B02-24

06 绘制两个圆角矩形，分别填充浅蓝色和蓝色，对浅蓝色矩形进行 45° 旋转，效果如图 B02-25 所示。

图 B02-25

07 添加装饰的方法与步骤 03 、 04 相同，如图 B02-26 所示，这里不再赘述。完成效果如图 B02-27 所示。

图 B02-29

图 B02-30

02 在【图层】面板中选中这两个文字图层,右击并选择【栅格化文字】选项,选中"优"字,按 Ctrl+T 快捷键变换对象,右击并选择【透视】选项,拖曳控制点调整透视角度,如图 B02-31 所示。

图 B02-31

03 复制"优"字图层,按 Ctrl+T 快捷键变换对象,右击并选择【斜切】选项,拖曳控制点调整斜切角度,效果如图 B02-32 所示。

图 B02-32

图 B02-32(续)

04 添加白色蒙版,使用【渐变工具】黑白渐变调整蒙版的颜色,在画板中拖拽鼠标,效果如图 B02-33 所示。

图 B02-33

05 "缺"字的效果制作方法和"优"字一样,不再赘述。最后将插画素材插入画面中,以装饰画面,增加趣味性,效果如图 B02-34 所示。

图 B02-34

B02.3 设计幻灯片中的动画效果

本课主要讲解图表页的幻灯片动画效果的制作。首先启动 WPS Office，新建【演示】。在功能区中执行【设计】-【幻灯片大小】-【自定义大小】命令，打开【页面设置】对话框，设置【幻灯片大小】为【全屏显示（16：9）】，如图 B02-35 所示，单击【确定】按钮。

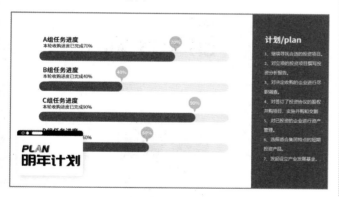

图 B02-35

操作步骤

01 将 Photoshop 中图表页的素材导出为 PNG 格式，然后将其插入演示文档的页面中，并对每个元素进行复位摆放，效果如图 B02-36 所示。

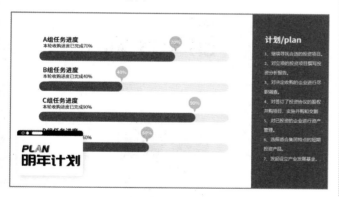

图 B02-36

02 打开右侧的【幻灯片切换】面板，设置切换方式为【剥离】，【效果选项】为向左，【速度】为 00.75，将其应用于所有幻灯片，如图 B02-37 所示。

03 隐藏"明年计划"图层。若想要制作出展示图表数据增加的效果，需要在页面的最左侧添加一个白色的遮盖图层，遮盖图层中的缺口要与图表上蓝色的进度条完全对齐（为更好地展示效果，暂时将幻灯片背景设置为灰色），如图 B02-38 所示。

图 B02-37

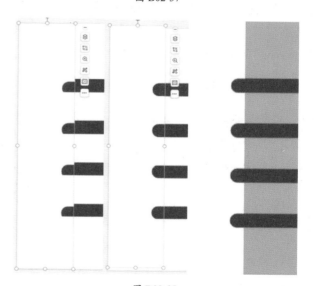

图 B02-38

04 选中"浅蓝色"图层，为浅蓝色的图表添加出现动画，执行【添加效果】-【进入】-【切入】命令。调整出现时间，设置【开始】为【与上一动画同时】；调整出现方向，设置【方向】为【自左侧】；调整动画速度，设置【速度】为【快速（1秒）】，如图 B02-39 所示。

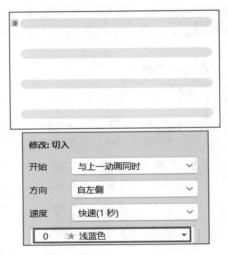

图 B02-39

05 接下来制作深蓝色的进度条。选中"70蓝"图层，执行【添加效果】-【进入】-【切入】命令，调整出现时间，设置【开始】为【在上一动画之后】；调整出现方向，设置【方向】为【自左侧】；调整动画速度，设置【速度】为【非常快（0.5秒）】，参数如图 B02-40 所示。

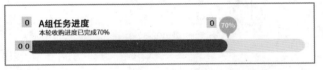

图 B02-40

06 为数值"70%"图标设置动画。选中"70"图层，执行【添加效果】-【进入】-【渐变】命令，调整出现时间，设置【开始】为【在上一动画之后】，如图 B02-41 所示。

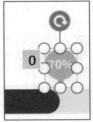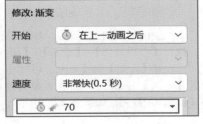

图 B02-41

07 为"B组任务进度"文字设置动画。选中图层，执行【添加效果】-【进入】-【渐变】命令，调整出现时间，设置【开始】为【与上一动画同时】，如图 B02-42 所示。

图 B02-42

08 剩下的 B、C、D 组的动画添加的效果和顺序都与 A 组中的动画项目相同，这里不再赘述。

09 选中"明年计划面板"图层（见图 B02-43），执行【添加效果】-【进入】-【上升】命令，调整出现时间，设置【开始】为【与上一动画同时】。选择"计划/plan"图层（见图 B02-44），执行【添加效果】-【进入】-【切入】命令，调整出现时间，设置【开始】为【与上一动画同时】；调整出现方向，设置【方向】为【自右侧】；调整动画速度，设置【速度】为【快速（1秒）】，参数如图 B02-45 所示。

图 B02-43

图 B02-44

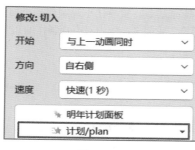

图 B02-45

10 最后为"明年计划面板"图层添加出场动画。执行【添加效果】-【推出】-【渐变】命令，调整出现时间，设置【开始】为【在上一动画之后】；调整动画速度，设置【速度】为【快速（1 秒）】，如图 B02-46 所示。

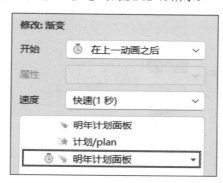

图 B02-46

11 至此，年终总结报告 PPT 的动画制作完成，所有动画顺序如图 B02-47 所示。可根据自己的喜好添加其他动画效果。

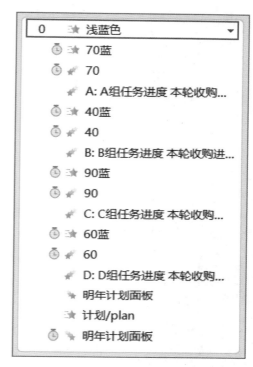

图 B02-47

读书笔记

小森前往一家旅游公司面试，通过第一轮面试后，领导让小森制作一个用于宣传公司APP的PPT。小森带着制作完成的PPT参加了第二轮面试，领导对小森制作的PPT非常满意，决定录用小森。

本综合案例完成的效果如图B03-1所示。

图 B03-1

设计思路

（1）制作封面，确定风格及主色调。

（2）延续风格进行元素搭配。

（3）将文案信息进行层级处理。

（4）为每个页面添加动画效果。

B03.1　封面设计

操作步骤

01 启动 Photoshop，新建文档，设置【宽度】为 2000 像素，【高度】为 1125 像素，选中【画板】复选框，设置【分辨率】为 200，【颜色模式】为 RGB 颜色。

02 创建主题背景元素。使用【矩形工具】□绘制多个圆角矩形，双击图层打开【图层样式】窗口，添加【渐变叠加】效果，如图 B03-2 所示。设置【不透明度】为 10%，如图 B03-3 所示。背景效果如图 B03-4 所示。

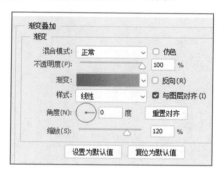

图 B03-2

图 B03-3

图 B03-4

03 将"建筑"素材导入文档中，对素材进行排列并留出手机的位置。在图层面板下方单击【创建新的填充或调整图层】按钮 ◙，打开【色相/饱和度】面板，设置色相和饱和度，参数及效果如图 B03-5 所示。

图 B03-5

04 复制一组已排列好的"建筑"素材，分别设置【色相/饱和度】，然后使用【蒙版】调整【建筑】图层的不透明度，效果如图 B03-6 所示。

05 再复制一组"建筑"素材，按 Ctrl+T 快捷键进行自由变换，右击并选择【水平翻转】选项，为图层添加蒙版，使用【渐变工具】滑动来制作建筑的倒影，效果如图 B03-7 所示。

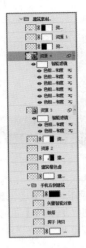

图 B03-6

图 B03-7

06 使用【文字工具】输入主标题以及副标题，组合使用【文字工具】【矩形工具】制作按钮，为按钮背景添加蓝色渐变，并将标题与按钮左对齐。将"手机""人物""按钮"素材放入画面中并为"手机""人物"制作倒影，效果如图 B03-8 所示。

图 B03-8

B03.2　设计其他页幻灯片

操作步骤

1. 目录页

01 在完成封面设计后，选择画板工具，单击画板下方边缘，出现◎按钮，新建画板。每制作一页就新建一个画板，如图 B03-9 所示。

图 B03-9

02 使用相同的圆角矩形元素作为背景，然后将插画素材放置到其中一个圆角矩形元素上方，使用【钢笔工具】选中矩形左右下方部分，按 Ctrl+Enter 快捷键制作选区，为"人物"添加黑色蒙版，使选区部分消失。选中"人物"，按 Ctrl+U 快捷键打开【色相 / 饱和度】对话框进行调整，参数设置如图 B03-10 所示，效果如图 B03-11 所示。

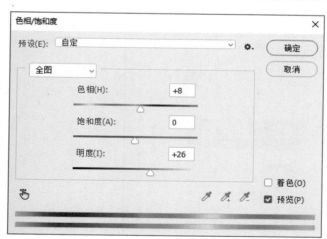

图 B03-10

03 为目录页添加小标题，设置颜色为蓝色，内容如图 B03-12 所示。

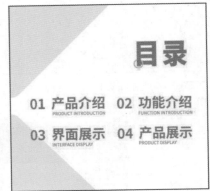

图 B03-11 　　　　　　　　　　　　　　　　　　图 B03-12

2．过渡页

 过渡页的版式是"圆角矩形背景＋插画图＋文案"，只是使用了不同的插画和内容，效果如图 B03-13 所示。

图 B03-13

图 B03-13（续）

02 以"03 产品介绍"页为例，使用【矩形工具】绘制多个圆角矩形，修改颜色并组合摆放位置，如图 B03-14 所示。

图 B03-14

03 使用【矩形工具】绘制圆角矩形，设置圆角半径为 50 像素，如图 B03-15（a）所示。双击图层打开图层样式窗口，添加【投影】效果，参数设置如图 B03-15（b）所示，效果如图 B03-15（c）所示。

（a）

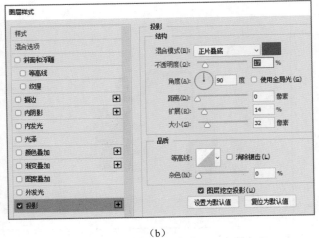

（b）

（c）

图 B03-15

04 将素材"建筑""人物"置入白色圆角矩形上方，并按 Ctrl+U 快捷键为"人物"调整【色相 / 饱和度】，按 Ctrl+L 快捷键调整【色阶】，参数设置及效果如图 B03-16 所示。

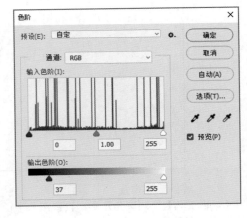

图 B03-16

图 B03-16（续）

05 复制"建筑""人物"图层，按 Ctrl+T 快捷键进行自由变换，单击【垂直翻转】按钮进行翻转，单击【图层蒙版】按钮 ◘ 为图层添加蒙版，使用【渐变工具】制作倒影，效果如图 B03-17 所示。

图 B03-17

06 在插画上方，在图层面板下方单击【创建新的填充或调整图层】按钮 ◉，打开【色相/饱和度】面板，设置色相和饱和度，参数设置及效果如图 B03-18 所示。

07 组合使用【文字工具】【矩形工具】制作标题，置入素材"Logo"，效果如图 B03-19 所示。

08 通过步骤 06 的方法分别调整所有的插画的色相和饱和度，使画面色调更统一、和谐，然后搭配每个章节相关的主题文案即可。其他页的制作方法相同，这里不再赘述。

图 B03-18

图 B03-19

3. 扉页、内容页

01 扉页、内容页同样使用主体设计元素"浅色系的圆角矩形"或"大三角"进行组合摆放排列,然后搭配相关的产品素材,效果如图 B03-20 所示。

图 B03-20

图 B03-20（续）

02 以 Web 端页面为例，使用【多边形工具】绘制大三角形，与画板右侧对齐，制作页面背景，如图 B03-21 所示。

图 B03-21

03 置入页面展示"图片"并将其对齐摆放，并为图片添加【投影】效果，参数设置及效果如图 B03-22 所示。

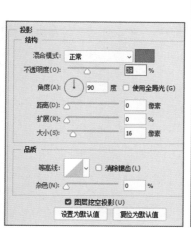

图 B03-22

04 绘制蓝色圆角矩形和白色圆角矩形，使用【直接选择工具】选中上方两个锚点进行删除，为矩形添加【渐变叠加】和【投影】效果，参数设置及效果如图 B03-23 所示。

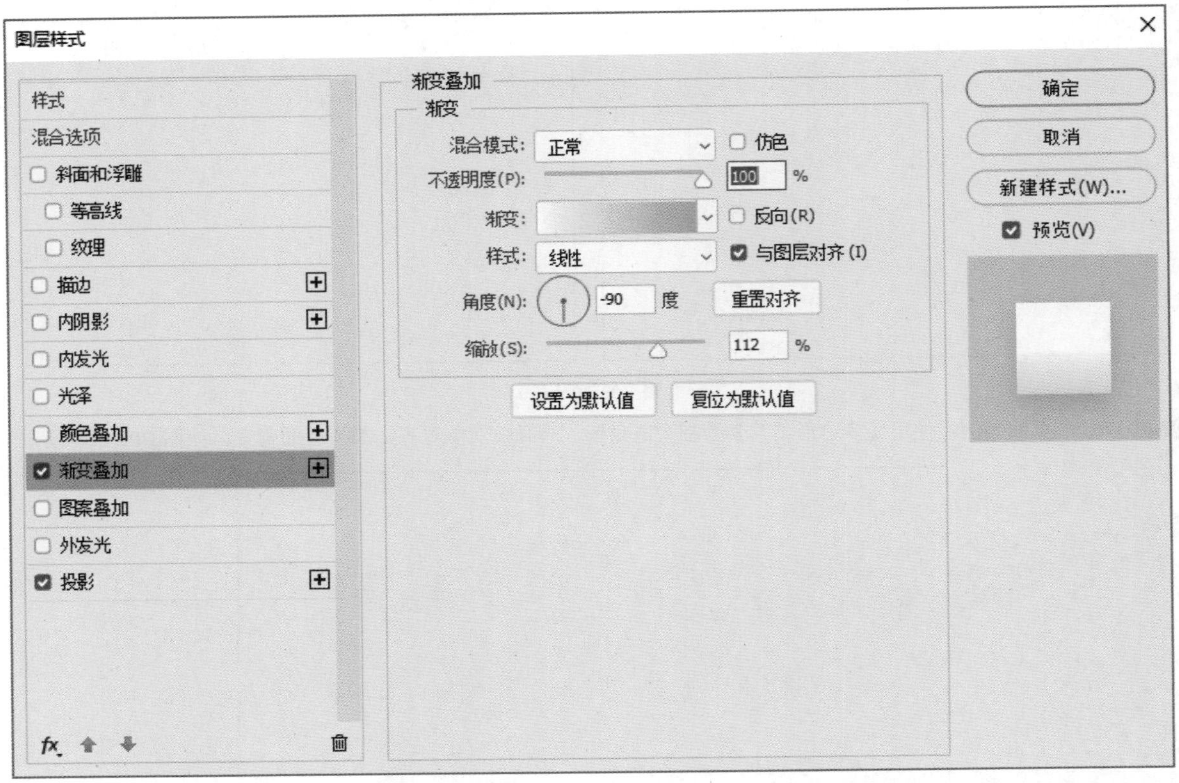

图层样式

样式

混合选项

☐ 斜面和浮雕

　☐ 等高线

　☐ 纹理

☐ 描边　　　　　　⊞

☐ 内阴影　　　　　⊞

☐ 内发光

☐ 光泽

☐ 颜色叠加　　　　⊞

☑ 渐变叠加　　　　⊞

☐ 图案叠加

☐ 外发光

☑ 投影　　　　　　⊞

渐变叠加

渐变

混合模式：　正常　　　　　⌄　　☐ 仿色

不透明度(P)：　　　　　　△　100　%

渐变：　　　　　　　　　　⌄　　☐ 反向(R)

样式：　线性　　　　　　　⌄　　☑ 与图层对齐(I)

角度(N)：　　-90　度　　　重置对齐

缩放(S)：　　　　△　112　%

设置为默认值　　　复位为默认值

确定

取消

新建样式(W)...

☑ 预览(V)

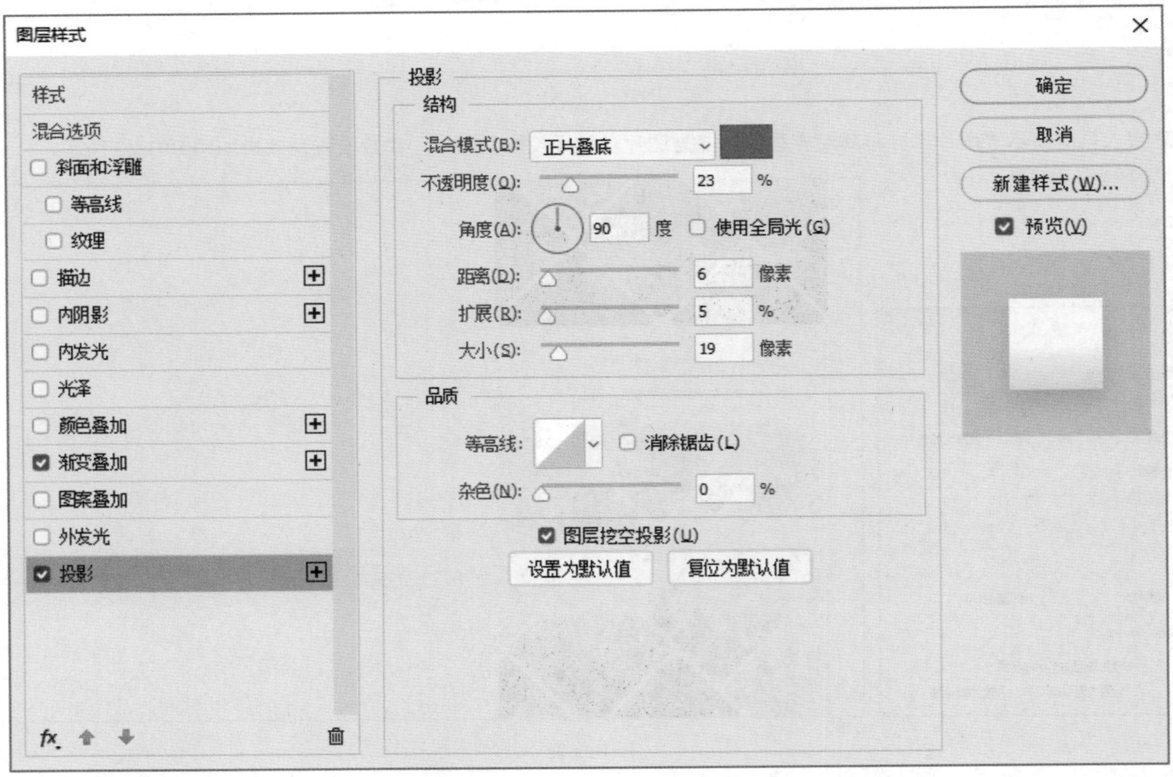

fx.　⬆ ⬇　　　　　🗑

图层样式

样式

混合选项

☐ 斜面和浮雕

　☐ 等高线

　☐ 纹理

☐ 描边　　　　　　⊞

☐ 内阴影　　　　　⊞

☐ 内发光

☐ 光泽

☐ 颜色叠加　　　　⊞

☑ 渐变叠加　　　　⊞

☐ 图案叠加

☐ 外发光

☑ 投影　　　　　　⊞

投影

结构

混合模式(B)：　正片叠底　　　　　⌄

不透明度(O)：　　△　　　　23　%

角度(A)：　　90　度　　☐ 使用全局光(G)

距离(D)：　△　　　　　6　像素

扩展(R)：　△　　　　　5　%

大小(S)：　△　　　　　19　像素

品质

等高线：　　　　　⌄　　☐ 消除锯齿(L)

杂色(N)：　△　　　　　0　%

☑ 图层挖空投影(U)

设置为默认值　　　复位为默认值

确定

取消

新建样式(W)...

☑ 预览(V)

fx.　⬆ ⬇　　　　　🗑

图 B03-23

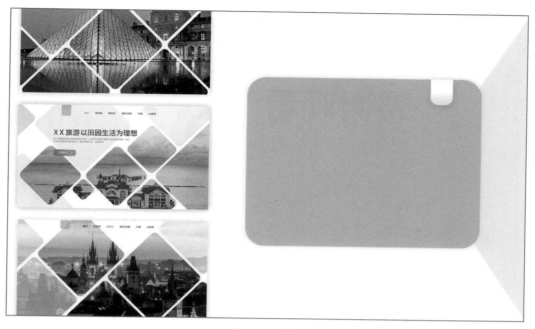

图 B03-23（续）

05 使用【文字工具】输入文案，导入素材，组合摆放，最终效果如图 B03-24 所示。其他页的制作方法相同，这里不再赘述。

图 B03-24

4．结束页

结束页的制作与封面页制作中使用的元素相同，对"人物"的摆放方向做了处理，形成一个结束退场效果，配上结束语，效果如图 B03-25 所示。

图 B03-25

B03.3　设计幻灯片中的动画效果

　　完成 PPT 的页面制作后，需要将这些素材分别导出为 PNG 格式，然后应用到 PPT 中，下面讲解本综合案例的部分页面中添加的一些重点动画效果。

　　首先启动 WPS Office，新建【演示】。在功能区中执行【设计】-【幻灯片大小】-【自定义大小】命令，打开【页面设置】对话框，设置【幻灯片大小】为【全屏显示（16∶9）】，如图 B03-26 所示。将导出的 PNG 素材放入 PPT 中，在【选择窗格】中调整对象图层顺序并为图层命名，效果如图 B03-27 所示。

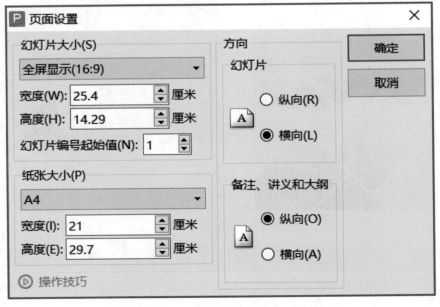

图 B03-26

图 B03-27

操作步骤

1. 封面

　　封面切换效果为【淡出】效果，如图 B03-28 所示。封面页的插画以及手机动画效果均为【飞入】动画，标题文本动画效果均为【上升】动画，效果如图 B03-29 所示。

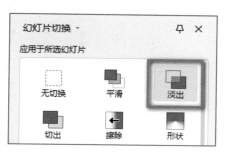

图 B03-28

图 B03-29

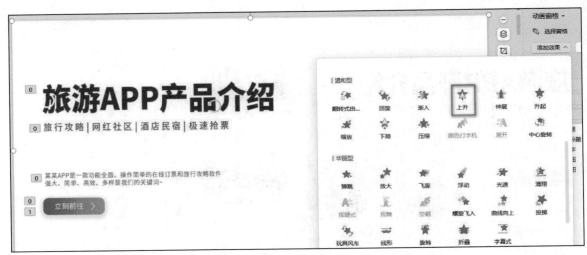

图 B03-29（续）

2．过渡页

过渡页的动画有两种，分别为【浮动】和【升起】，效果如图 B03-30 所示。

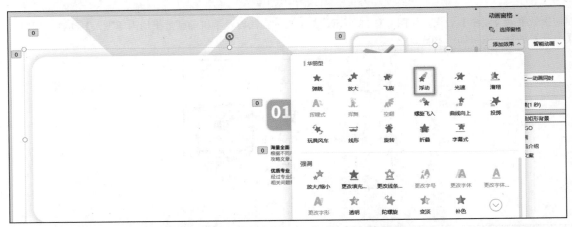

图 B03-30

3. 扉页

扉页动画使用了【出现】【浮动】，以及【自定义路径】中的【直线路径】效果，效果如图 B03-31 所示。

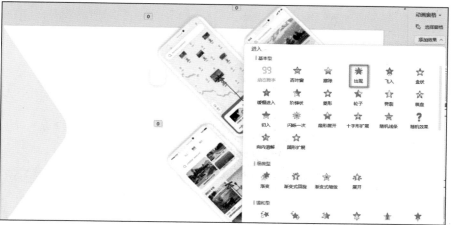

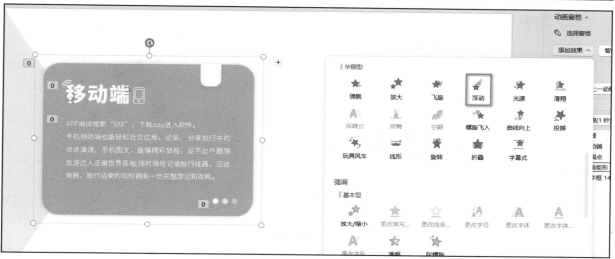

图 B03-31

4. 其他页面展示

在【动画模板】中有一些 WPS 提供的精美动画，使用了图文轮播动画效果，如图 B03-32 所示。

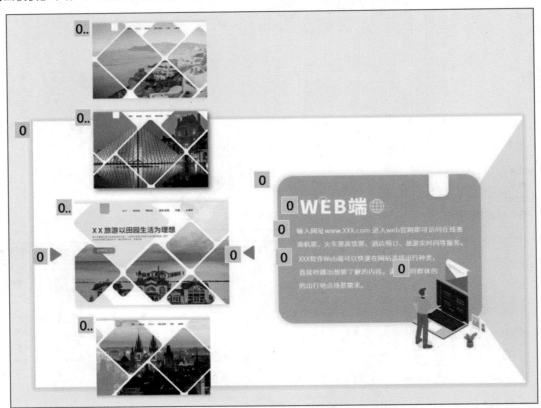

图 B03-32

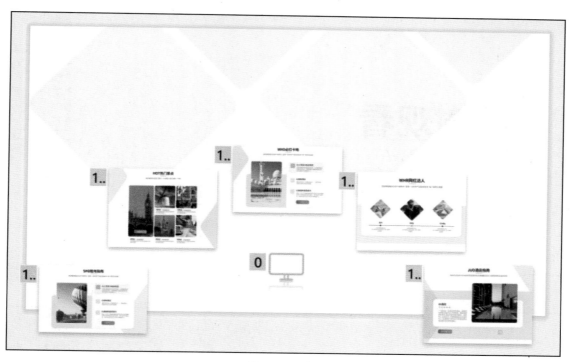

图 B03-32（续）

5. 结束页

　　结束页切换效果为【淡出】动画，如图 B03-33（a）所示。结束页的标题与副标题动画效果均为【渐变】动画，标题文本动画效果均为【飞入】动画，效果如图 B03-33（b）、（c）所示。

（a）

图 B03-33

（b）

（c）

图 B03-33（续）

　　至此，旅游 APP 产品介绍动画制作完成，可根据自己的喜好添加其他动画效果。

读书笔记

公司计划在本月举行一次团建活动，领导安排小森使用 PPT 展示活动内容并在会议上告知同事。小森完成 PPT 的设计后，同事们都赞扬小森的工作非常细致和清晰。领导对小森非常看好，鼓励小森继续努力，未来前景可期。

本综合案例完成的效果如图 B04-1 所示。

图 B04-1

设计思路

（1）制作封面，确定风格及主色调。

（2）为元素添加模糊效果，标题设计活泼有张力。

（3）延续风格设计其他页面。

（4）为每个页面添加动画效果。

操作步骤

01 启动 Photoshop，新建文档，设置【宽度】为 2000 像素，【高度】为 1125 像素，选中【画板】复选框，设置【分辨率】为 200，【颜色模式】为 RGB 颜色。

02 该案例的背景颜色为灰色，辅助色为红色和蓝色，主要元素为扑克牌。

03 创建主题背景元素。添加"纸质背景""边框""黑色网格"素材，将网格素材建立蒙版并放在背景上。接下来改变"边框"素材的颜色，双击"边框"素材打开【图层样式】对话框，添加【颜色叠加】效果，填充为灰色。执行【滤镜】-【杂色】-【添加杂色】命令，为背景素材添加菜单栏效果，杂色数量为 5.82%，选中【高斯分布】单选按钮，如图 B04-2 所示。完成背景制作，效果如图 B04-3 所示。

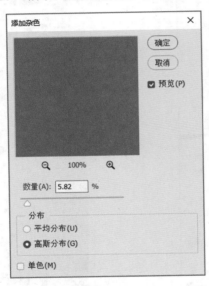

图 B04-2

图 B04-3

04 添加扑克牌图案，执行【窗口】-【形状】命令，展开【旧版形状及其他】-【2019 形状】-【多副扑克牌】选项（见图 B04-4），单击梅花形状创建图形，选择工具设置填充为蓝色，使用【直接选择工具】调整图形的锚点。其他图形同理，效果如图 B04-5 所示。

图 B04-4

图 B04-5

05 使用【圆角矩形工具】绘制多个圆角矩形，将这些花色形状放在矩形上，然后使用【横排文字工具】新建文字，再将文字上下颠倒摆放。完成扑克牌样式的制作，效果如图 B04-6 所示。

图 B04-6

06 将上面的所有扑克牌备份一组，分别在【图层】面板中转换成智能对象，按 Ctrl+T 快捷键自由变换，调整扑克牌的大小；然后右击并选择【透视】选项（见图 B04-7），调整扑克牌的透视角度；在【图层样式】对话框中添加【投影】效果，如图 B04-8 所示。根据这些图层的透视角度，执行【滤镜】-【模糊】-【动感模糊】命令，设置模糊角度为 37 度，模糊距离为 33 像素，如图 B04-9 所示。

图 B04-7

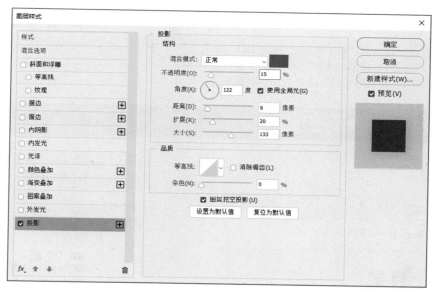

图 B04-8

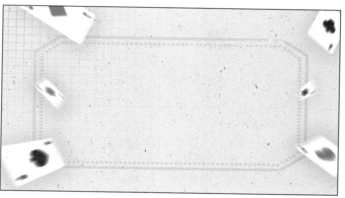

图 B04-9

07 使用【横排文字工具】创建标题"2082年度活动团建策划书",在控制栏中设置标题样式为【居中对齐文本】,使数字"8"的样式更富创意,将数字改为"2",使用【钢笔工具】创建形状,将年度调整为"2082",如图B04-10所示。

图 B04-10

08 添加纹理质感素材,将其放大到能完全覆盖标题文字,按住Ctrl键对该素材进行选区,再选中标题文字,按住Alt键单击【添加蒙版】按钮,为图层添加蒙版效果,效果如图B04-11所示。

09 最后添加其他文字信息,如"PROPOSAL FOR THE ESTABLISHMENT OF THE EVENT GROUP"和"××活动策划有限公司"和汇报人以及装饰素材,完成封面页的制

作,效果如图B04-12所示。

图 B04-11

图 B04-12

B04.2　设计其他页幻灯片

操作步骤

1. 目录页

目录页的完成效果如图B04-13所示。

图 B04-13

01 完成封面设计后,单击画板下方边缘出现的○按钮,新建一个画板。每制作一页就新建一个画板。

02 复制一个封面的背景图层,再复制一个网格线图层,按Ctrl+T快捷键自由变换,右击并选择【水平翻转】选项,效果如图B04-14所示。

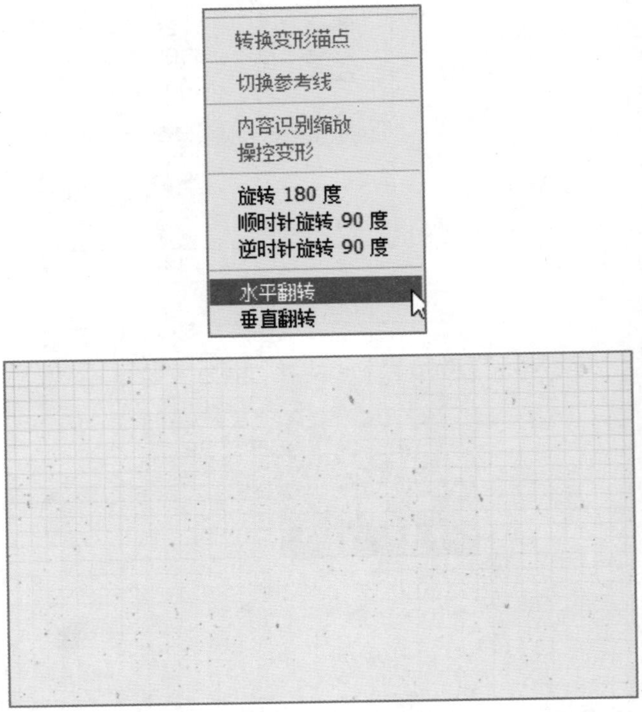

图 B04-14

03 使用【横排文字工具】添加标题"目录""CONTENTS"，标题文字的纹理效果与封面页的标题制作方法相同，效果如图 B04-15 所示。

04 双击"边框"图层打开【图层样式】对话框，添加【描边】（见图 B04-16）和【投影】（见图 B04-17）效果，设置填充渐变蓝色、渐变红色。接下来将备份的扑克牌素材按颜色错开摆放，删除中心图形，效果如图 B04-18 所示。

图 B04-15

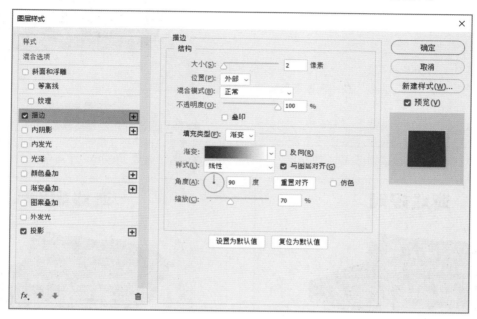

图 B04-16

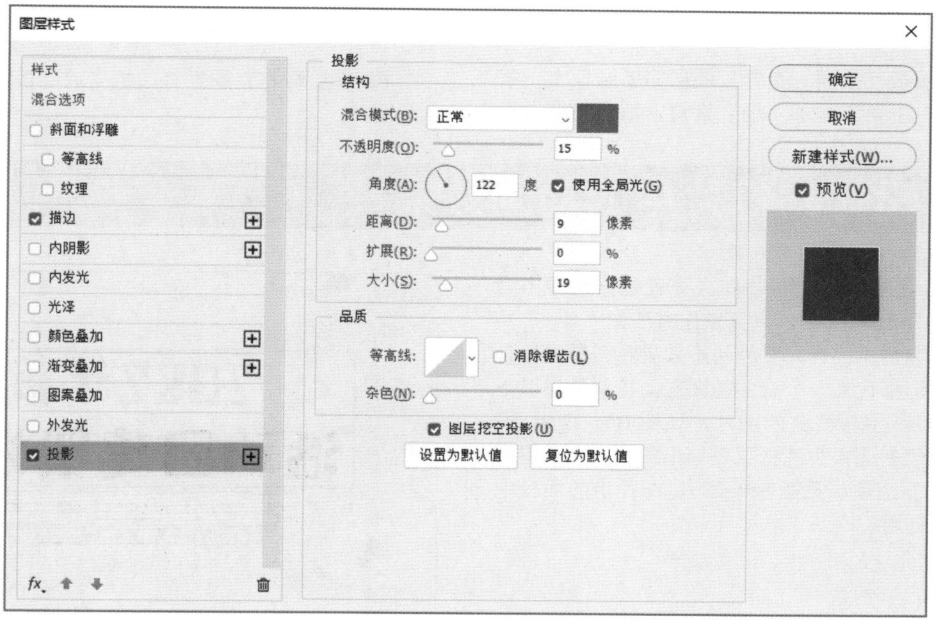

图 B04-17

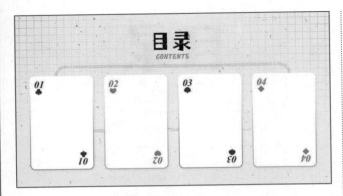

图 B04-18

05 最后为每个扑克牌添加小标题，使用椭圆图形装饰画面。

2．内容页

内容页展示游戏规则，完成效果如图 B04-19 所示。

图 B04-19

01 新建一个画板，复制一个背景图层到新画板上，将"网格"素材放在左下角，添加"纸"素材，双击"纸"素

材打开【图层样式】对话框，添加【颜色叠加】效果，如图 B04-20 所示。

图 B04-20

02 使用封面标题纹理质感添加的方法为"纸"素材添加纹理效果，再使用【横排文字工具】添加标题文字以及游戏规则内容，效果如图 B04-21 所示。

图 B04-21

03 最后将扑克牌素材随机摆放，再为背景添加装饰完善画面。

B04.3　设计幻灯片中的动画效果

完成 PPT 的页面制作后，需要将这些素材分别导出为 PNG 格式，然后应用到 PPT 中，具体操作方法如下。

（1）以封面页为例，根据需要的动画效果将图层进行合并并导出。每个矩形框代表一个合并的图层，也就是说以下图层导出后会有 4 个 PNG 格式的图片，如图 B04-22 所示。按住 Ctrl 键在【图层】面板中选择需要导出的图层，右击图层并选择【导出为】选项（见图 B04-23），在弹出的面板中单击【导出】按钮即可。

图 B04-22

图 B04-23

（2）分别导出封面页中的其他素材图层。

（3）启动 WPS Office，新建【演示】。在功能区中执行【设计】-【幻灯片大小】-【自定义大小】命令，进行页面设置，参数如图 B04-24 所示。将导出的 PNG 素材导入 PPT中，在【选择窗格】中调整对象的图层顺序并为图层命名，如图 B04-25 所示。

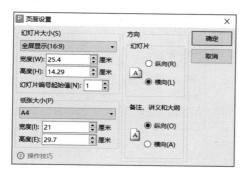

图 B04-24

图 B04-25

下面以部分页面为例，讲解本综合案例中的重点动画效果制作。

操作步骤

1. 封面页动画

01 新建演示，右击空白演示文档，在弹出的菜单中选择【更改背景图片】选项，填充背景颜色，效果如图 B04-26所示。

图 B04-26

02 打开右侧【动画窗格】面板，单击【选择窗格】按钮，选择标题和其他文字信息，在【动画窗格】中执行【添加效果】-【进入】-【细微型】-【渐变】命令，如图 B04-27 所示。

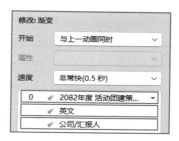

图 B04-27

03 对每一个扑克牌元素分别添加出现动画，执行【添加效果】-【进入】-【出现】命令。接下来丰富动画，执行【添加效果】-【绘制自定义路径】-【直线】命令，绘制的路径如图 B04-28 所示，完成封面页动画效果的制作。

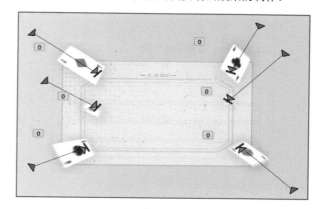

图 B04-28

2．目录页动画

01 与封面页动画添加背景的方法相同，选中"目录"，在【动画窗格】面板中执行【进入】-【细微型】-【渐变】命令，【开始】时间为【在上一动画之后】，【速度】为【非常快（0.5秒）】，如图B04-29所示。

图 B04-29

02 选中所有的扑克牌，在【动画窗格】面板中执行【进入】-【华丽型】-【折叠】命令，【开始】时间为【在上一动画之后】，【速度】为【非常快（0.5秒）】，如图B04-30所示，效果如图B04-31所示。

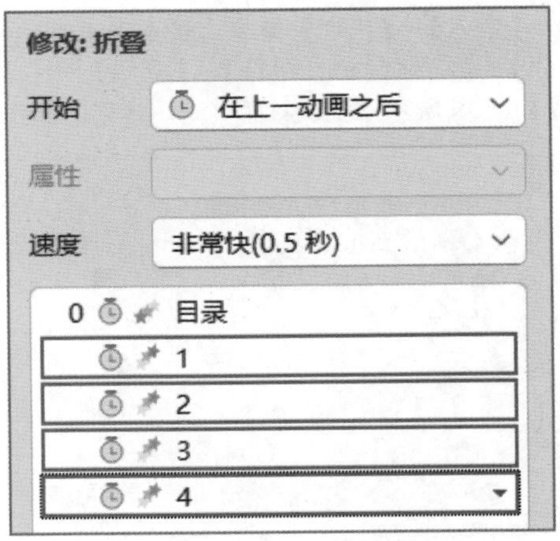

图 B04-30

图 B04-31

03 最后将目录页的幻灯片切换模式改为【梳理】，如图B04-32所示。

图 B04-32

3．章节页动画

01 首先添加背景素材，选中"主题引入"，在【动画窗格】面板中执行【进入】-【细微型】-【渐变】命令，【开始】时间为【与上一动画同时】，【速度】为【非常快（0.5秒）】，如图B04-33所示，效果如图B04-34所示。

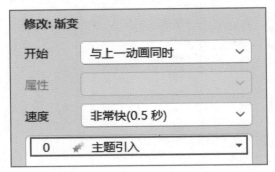

图 B04-33

图 B04-34

02 对"ONE"标题添加【强调】动画中的【跷跷板】效果，如图 B04-35 所示。

修改：跷跷板

开始	与上一动画同时	∨
属性		∨
速度	快速 (1 秒)	∨

0	✦ 主题引入	
	✦ ONE	∨

图 B04-37

03 对"按钮""渐变圆"素材添加【渐变】效果，如图 B04-36 所示，效果如图 B04-37 所示。最后为章节页添加【幻灯片切换】效果，如图 B04-38 所示。

修改：渐变

开始	⏱ 在上一动画之后	∨
属性		∨
速度	非常快 (0.5 秒)	∨

0	✦ 主题引入	
	✦ ONE	
	⏱ ✦ 按钮	
	⏱ ✦ 圆	∨

图 B04-36

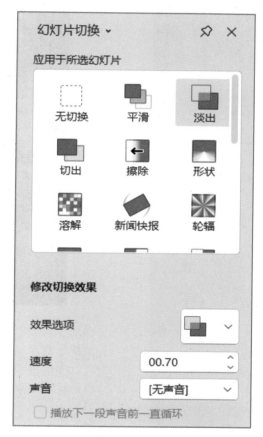

图 B04-38

至此，团建活动策划 PPT 的重点动画制作完成，读者可根据自己的喜好添加其他动画效果。

公司接到了一个项目，需要为健身房制作一套宣传 PPT。作为公司的设计师，小森被领导安排负责此项目。小森制作完成后将 PPT 交给了甲方，甲方对小森的设计非常满意，并表示以后的项目都希望由小森来完成。

本综合案例完成的效果如图 B05-1 所示。

图 B05-1

设计思路

（1）制作封面，确定风格及主色调。

（2）为人物添加动感模糊效果。

（3）为标题设计层次感与人物主体相结合。

（4）延续风格设计其他页面并为每个页面添加动画效果。

B05.1　封面设计

操作步骤

01 启动 Photoshop，新建文档，设置【宽度】为 2000 像素，【高度】为 1125 像素，选中【画板】复选框，设置【分辨率】为 200，【颜色模式】为 RGB 颜色。

02 该案例的颜色占比为黑色 70%，辅助色荧光绿为 20%、白色为 10%。

03 首先在"画板 1"上新建一个图层，填充黑色，在图层面板上方设置【混合模式】为色相，将烟雾素材添加到黑色图层下方，按 Ctrl+U 快捷键打开【色相 / 饱和度】对话框，参数设置和效果如图 B05-2 所示。

色相/饱和度 ✕

预设(E): 自定 ⚙.

全图

色相(H): 211

饱和度(A): 25

明度(I): -70

☑ 着色(O)
☑ 预览(P)

确定
取消

图 B05-2

图 B05-4

色相/饱和度 ✕

预设(E): 自定 ⚙.

蓝色

色相(H): -112

饱和度(A): 0

明度(I): 0

☐ 着色(O)

195° / 225° 255° \ 285° ☑ 预览(P)

04 使用【横排文字工具】**T.**，创建标题"运动不止"，然后按 Ctrl+T 快捷键进行自由变换，右击并选择【斜切】选项，调整文字的角度，字体参数如图 B05-3 所示，效果如图 B05-4 所示。

05 接下来开始制作人物效果。置入人物素材，按 Ctrl+U 快捷键打开【色相/饱和度】对话框，参数设置和效果如图 B05-5 所示，调整完成后将该图层暂时隐藏。

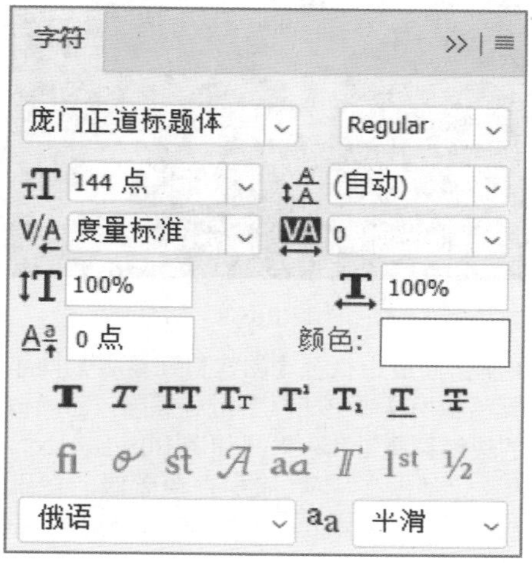

字符 ≫ | ≡

庞门正道标题体 ∨ Regular ∨

T 144 点 ∨ (自动) ∨

V/A 度量标准 ∨ VA 0 ∨

T 100% T 100%

Aᵃ 0 点 颜色:

T T TT Tr T¹ T₁ T T̄

fi ℴ st 𝒜 ᵃͣ T 1ˢᵗ ½

俄语 ∨ aₐ 半滑 ∨

图 B05-3

图 B05-5

06 在图层面板中新建图层，按住 Ctrl 键单击人物素材建立选区，按 Ctrl+Delete 快捷键填充白色，如图 B05-6 所示。将白色人物剪影转为智能对象，执行两次【滤镜】-【风格化】-【风】命令，营造动感模糊效果，参数设置如图 B05-7 所示，得到的效果如图 B05-8 所示。

图 B05-6

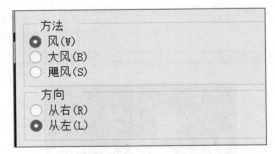

图 B05-7

图 B05-8

07 将隐藏的图层打开，在【图层】面板中按住 Alt 键向下拖动，得到一个"人物素材 拷贝"图层，执行【滤镜】-【模糊】-【动感模糊】命令，然后将"人物素材 拷贝"放在"白色人物剪影"素材图层的上方，右击并选择【创建剪贴蒙版】选项，效果如图 B05-9 所示。

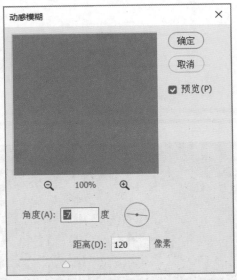

图 B05-9

08 在新建图层中执行【创建剪贴蒙版】操作，根据人物边缘的颜色使用【画笔工具】进行擦除，将"白色人物剪影"图层的边缘调整柔和，效果如图 B05-10 所示。

09 为文字"动""不"添加白色蒙版，使用【画笔工具】（黑色，圆柔边）擦出人物手肘等背景部分，效果如图 B05-11 所示。

图 B05-10

图 B05-11

⑩ 将文字图层设为可见，使用【钢笔工具】描出"动""不"字其中的笔画，放在人物的最上方，与人物做出穿插关系，效果如图 B05-12 所示。

图 B05-12

⑪ 使用【横排文字工具】创建英文文字，并对文字设置【斜切】角度，与主标题角度一致，效果如图 B05-13 所示。

字符		>> | ☰
庞门正道标题体	⌄	Regular ⌄

ᴛT	28 点 ⌄	ᴬᴬ	(自动) ⌄
V/A	0 ⌄	VA	0 ⌄
↕T	100%	T	100%
Aᵃ⌄	0 点	颜色：	▬

T T TT Tᴛ T¹ T₁ T ᴛ

fi ℴ st 𝒜 aa 𝒯 1ˢᵗ ½

| 俄语 | ⌄ | aa | 半滑 ⌄ |

图 B05-13

⑫ 在【图层】面板中右击英文，选择【转换为形状】选项，图层命名为"英文1"。复制一个英文形状图层，使用【路径选择工具】删除选中的英文字母，形状图层命名为"英文2"，将"英文1"图层放在人物素材的上方，"英文2"图层放在下方，如图 B05-14 所示。

图 B05-15（续）

⑭ 使用【钢笔工具】【椭圆工具】【横排文字工具】装饰画面，效果如图 B05-16 所示。

图 B05-14

⑬ 采用与步骤 ⑭ 相同的方法在左上角添加小标题"生命不息"，参数如图 B05-15 所示。

图 B05-16

图 B05-15

B05.2 设计其他页幻灯片

本课以目录页为例，讲解在 Photoshop 文档中自定义图案效果的方法。

操作步骤

⓵ 完成封面设计后，单击画板下方边缘，将出现 ⊙ 按钮，新建一个画板。每制作一页就新建一个画板。

⓶ 复制一个封面的背景图层，按 Ctrl+U 快捷键弹出【色相/饱和度】对话框，参数如图 B05-17 所示。

⓷ 使用【矩形工具】创建一个矩形，填充颜色，选中矩形同时按 Ctrl+T 快捷键进行自由变换，右击并选择【斜切】选项将矩形变形，效果如图 B05-18 所示。

图 B05-17

图 B05-18

04 新建一个 Photoshop 文档，设置画布尺寸如图 B05-19 所示。

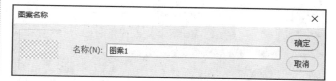

图 B05-21

07 单击矩形图层，添加【图层样式】-【图案叠加】效果，选择新创建的"图案 1"，设置缩放为 110%，参数及效果如图 B05-22 所示。

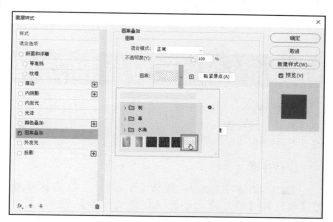

图 B05-19

05 使用【横排文字工具】创建标题"SPORT"，右击文本图层，选择【转换为形状】选项，设置【描边】为白色、2 像素，效果如图 B05-20 所示。

图 B05-20

06 执行菜单栏中的【编辑】-【定义图案】命令，弹出【图案名称】对话框，命名为"图案 1"，然后关闭文档，如

图 B05-22

08 人物素材的处理方法与封面页的人物处理方法相同，这里不再赘述，效果如图 B05-23 所示。

09 添加目录标题和章节信息，效果如图 B05-24 所示。

图 B05-23

图 B05-24

B05.3　设计幻灯片中的动画效果

完成 PPT 的页面制作后，需要将这些素材分别导出为 PNG 格式，然后插入 PPT 中，具体过程前文中已具体讲解，这里不再赘述。

操作步骤

01 启动 WPS Office，新建【演示】。在功能区中执行【设计】-【幻灯片大小】-【自定义大小】命令，打开

【页面设置】对话框，设置【幻灯片大小】为【全屏显示（16：9）】，如图 B05-25（a）所示，单击【确定】按钮。在 WPS 演示页面，右击并选择【更换背景图片】选项，弹出【选择纹理】对话框，找到导出的 PNG 背景素材，导入 PPT 中，效果如图 B05-25（b）所示。

02 选择【装饰线】图层，在【动画窗格】中设置动画效果，参数如图 B05-26 所示。

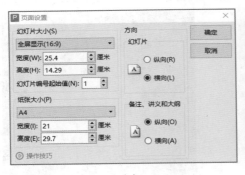

（a）

（b）

图 B05-25

图 B05-26

03 选择"三圆"图层，在【动画窗格】中设置动画效果，参数如图 B05-27 所示。

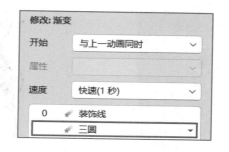

图 B05-27

04 选择"组合 29"和"健身品牌营销方案"，在【动画窗格】中设置动画效果，参数如图 B05-28 所示。

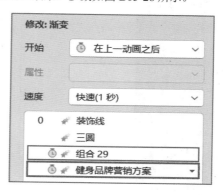

图 B05-28

05 最后为第 2 ～ 5 页幻灯片设置【幻灯片切换】中的【淡出】效果，如图 B05-29 所示。

图 B05-29

至此，运动品牌营销方案封面页的动画制作完成，可根据自己的喜好添加其他动画效果。

小森在一家教育公司工作，校长给小森安排了一个任务，要求制作一套古诗解析的PPT。这样可以方便学生在学习中更好地体验古诗词，且能够吸引学生的注意力。校长看到小森制作的PPT后非常满意，决定提升小森为设计主管。

本综合案例完成的效果如图 B06-1 所示。

图 B06-1

设计思路

（1）根据主题制作封面，确定风格及主色调。

（2）为背景添加水墨风元素。

（3）延续风格设计其他页面并为每个页面添加动画效果。

B06.1 封面设计

制作教学课件需要注意三个基本点，分别是素材的质量把握、文字内容言简意赅、页面布局的合理性。一般来说，古诗解析课件使用的素材是偏向水墨风、中国风等风格。那么《早发白帝城》主题的课件，可以使用山、水、树、草、船等素材去搭配画面，下面开始制作古诗解析类型的课件。

操作步骤

01 启动 Photoshop，新建文档，设置【宽度】为 2000 像素，【高度】为 1125 像素，选中【画板】复选框，设置【分辨率】为 200，【颜色模式】为 RGB 颜色。

02 首先绘制背景山的形状。使用【钢笔工具】 画出山的形状，在控制栏中【填充】黑白渐变，效果如图 B06-2 所示。

图 B06-2

03 右击"山"形状并转为智能对象，单击【图层】面板并创建蒙版。使用【画笔工具】 中的"Kyle 的墨水盒 - 传统漫画家"画笔和"Kyle 的绘画盒 - 潮湿混合器 50"画笔在白色蒙版中使用黑色画笔进行擦除，效果如图 B06-3 所示。

图 B06-3

04 添加"山"素材的纹理质感。执行【滤镜】-【滤镜库】命令，选择【画笔描边】中的水墨轮廓效果，设置参数，如图 B06-4 所示。再次执行该命令，选择【艺术效果】中的【粗糙蜡笔】效果，设置参数，如图 B06-5 所示，最终效果如图 B06-6 所示。

图 B06-5

图 B06-4

图 B06-6

05 使用与步骤 **04** 相同的方法制作其他的山，最后在使用【画笔工具】中的"KYLE 终极上墨（粗和细）"画笔，在【画笔】面板中调整参数，参数如图 B06-7 所示，最后绘制"树"的形状，效果如图 B06-8 所示。

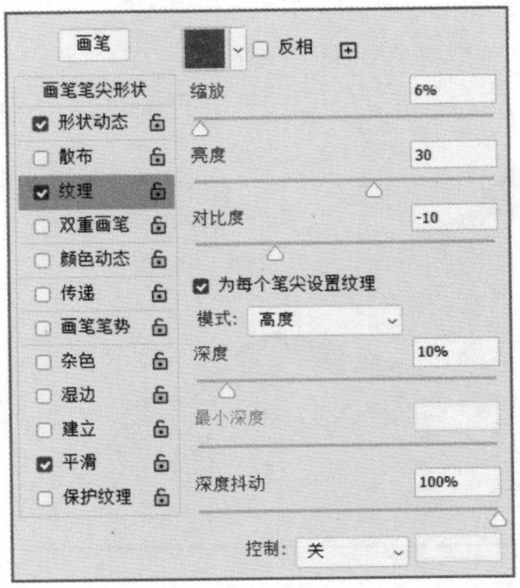

图 B06-8

06 打开本案例提供的素材，调整"船""草""树""鸟"素材的大小和摆放位置，效果如图 B06-9 所示。

07 制作标题框。使用【矩形工具】□绘制一个【描边】为 1 像素的长方形，然后在控制栏中单击【合并形状】按钮□（见图 B06-10），在长方形的上下处绘制两个矩形，效果如图 B06-11 所示。

图 B06-7

图 B06-9

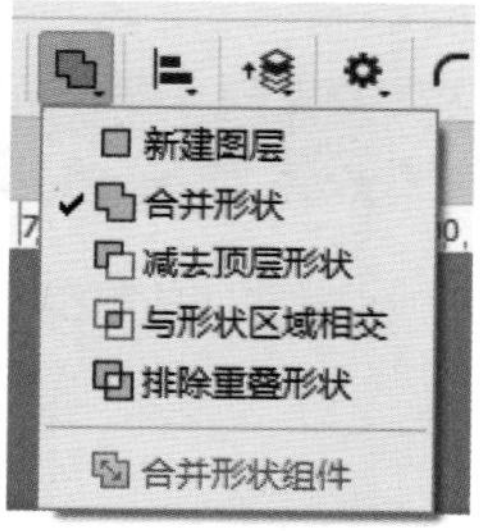

图 B06-10

图 B06-11

08 在矩形的缺角处分别绘制一个正方形和圆角矩形，用直线连接线框，效果如图 B06-12 所示。

09 在标题框中创建文字标题。选择【直排文字工具】IT.输入标题《古诗解析》，执行【窗口】-【字符】命令，参数设置如图 B06-13 所示。输入"唐·李白""古诗解析"，设置【字符】参数和颜色，效果如图 B06-14 所示。

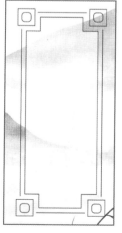

图 B06-12

图 B06-13

图 B06-14

B06.2　设计其他页幻灯片

本课针对目录页、过渡页进行讲解，学习了目录页、过渡页的制作后可完成后续的扉页、内容页、结束页等的制作。

操作步骤

1. 目录页

01 在完成封面设计后，单击画板下方边缘出现的 ⊕ 按钮，新建一个画板。每制作一页就新建一个画板。

02 打开本课的"山""水""船"素材，按 Ctrl+L 快捷键调整"山"素材的【色阶】，参数设置及效果如图 B06-15 所示。

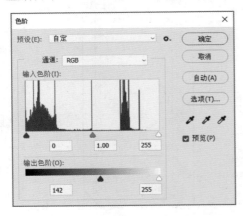

图 B06-15

03 接下来复制一个封面页的标题框，使用【直接选择工具】选择标题框右边位置的锚点向右移动调整路径线段，效果如图 B06-16 所示。

图 B06-16

04 创建小标题。使用【椭圆工具】创建一个圆形，【描边】为 1 像素，颜色为蓝灰色。复制一个"山"素材放在圆形内，选择"圆形"并按住 Ctrl 键建立选区，单击【添加图层蒙版】建立白色蒙版按钮，效果如图 B06-17 所示。

图 B06-17

05 对"山"素材进行调整，按 Ctrl+U 快捷键打开【色相/饱和度】对话框，参数如图 B06-18 所示。接下来打开"云"素材，对小标题进行装饰，效果如图 B06-19 所示。

06 剩下的小标题样式可直接复制标题"壹"，然后更改标题序号即可。最后为此页添加大标题"目录"，效果如图 B06-20 所示。

图 B06-18

图 B06-19

图 B06-20

2. 过渡页

01 复制背景页的"山""船"素材，调整素材的大小和位置，如图 B06-21 所示。

02 新建图层，使用【矩形选框工具】创建一个矩形，【填充】颜色为白色，【不透明度】为 68%。

图 B06-21

03 然后使用【矩形工具】和【钢笔工具】，设置【描边】为 1.5 像素，绘制图形，如图 B06-22 所示。将该图形转为智能对象，然后复制三个对象，按 Ctrl+T 快捷键进行自由变换，摆放位置如图 B06-23 所示。

04 将目录页中的小标题"壹"复制到过渡页，然后使用【横排文字工具】创建文本"作者简介"并添加"印章"素材，效果如图 B06-24 所示。

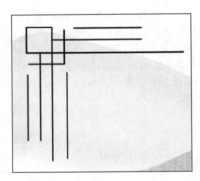

图 B06-22

图 B06-23

图 B06-24

B06.3　设计幻灯片中的动画效果

动画在教学课件中具有激发学生学习兴趣的作用，为学生提供多样的外部刺激，有助于知识的获取和掌握。然而，当课件中动画过多时，也会造成混乱，使学生无法集中注意力。一般情况下，课件的制作只需要添加【页面切换】动画和少部分的【进入】动画即可。

操作步骤

1. 封面页

01 启动 WPS Office，新建【演示】。在功能区中执行【设计】-【幻灯片大小】-【自定义大小】命令，打开【页面设置】对话框，设置【幻灯片大小】为【全屏显示（16：9）】，如图 B06-25 所示，单击【确定】按钮。在WPS 演示页面，右击并选择【更换背景图片】选项，在弹出的【选择纹理】对话框中，找到导出的 PNG 背景素材，将其导入 PPT 中，如图 B06-26 所示。

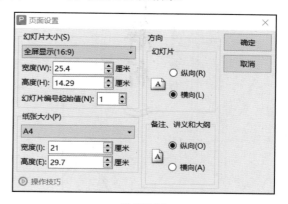

图 B06-25

图 B06-26

02 在功能区中执行【插入】-【图片】命令，将素材标题框插入页面中，然后在右侧【动画窗格】面板中添加【进入】-【擦除】动画，参数设置如图 B06-27 所示，效果如图 B06-28 所示。

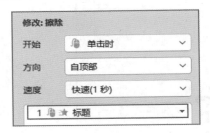

图 B06-27

图 B06-28

2. 目录页

01 右击并选择【更改背景图片】选项，插入目录页素材，选中除背景以外的所有元素，按 Ctrl+G 快捷键进行编组。在【动画窗格】面板中添加【进入】-【渐变】动画，参数设置如图 B06-29 所示，效果如图 B06-30 所示。

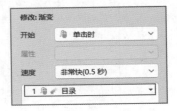

图 B06-29

图 B06-30

02 在对所有页面的素材完成布局后，在【幻灯片的切换】面板中设置切换动画为【擦除】，并将其应用到所有页面，参数如图 B06-31 所示。

图 B06-31

03 至此，古诗解析课件动画效果制作完成，读者可根据自己的喜好添加其他动画效果。

小森一直以来都非常努力和上进。除了出色地完成本职工作，小森还积极学习其他技能，其中包括热门的人工智能技术。最近，小森在业余时间利用人工智能技术制作了一套 PPT 演示文稿。

本综合案例完成效果如图 B07-1 所示。

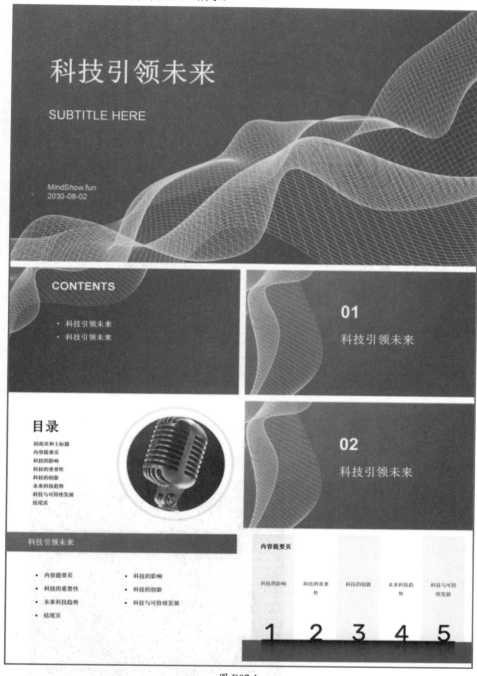

图 B07-1

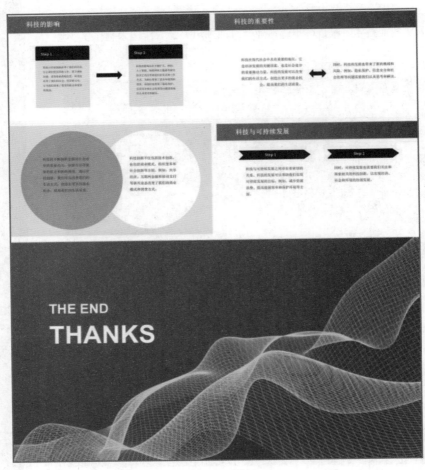

图 B07-1（续）

设计思路

（1）封面选择带有线条感的科技风模板。

（2）每个页面的模板选择要符合本页相关内容。

（3）如有文案不合适可进行修改。

操作步骤

01 利用 ChatGPT 生成 PPT 设计文案。使用 ChatGPT 输入需求，将必须有的页面及内容直接告诉人工智能。

例如，在 ChatGPT 中输入如下需求。

请帮我创建一个以"科技引领未来方案"为主题的 PPT 文档，遵循以下要求。

1. 有封面页和结尾页，并包含主标题

2. 有内容提要页

3. 每个页面内容文字不少于 300 字

4. 总页数：8 页以上

5. 请用 markdown 源代码块输出

随后得到 PPT 设计文案的 markdown 源代码，如图 B07-2 所示。

02 当生成的文案不能令人满意或需要进一步优化时，

可以继续向 ChatGPT 发出指令。文案优化完成后，单击代码块右上角的 Copy 按钮，将其粘贴到 Mindshow 内容框中，单击【导入创建】按钮，如图 B07-3 所示。

图 B07-2

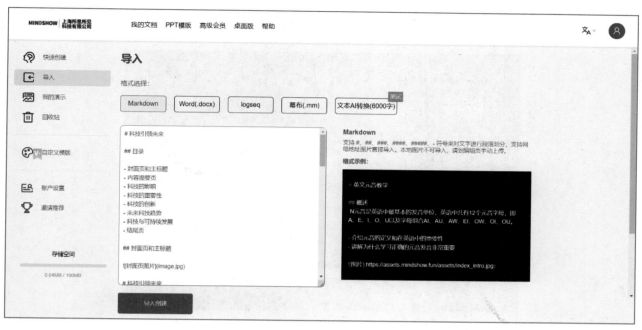

图 B07-3

03 创建 PPT 后的界面为左文右图，这时可以在左侧对文案进行调整，在右侧调整模板和布局方式，如图 B07-4 所示。当输出的文案不满意或需要二次优化时，可以向 ChatGPT 发出指令，继续优化。

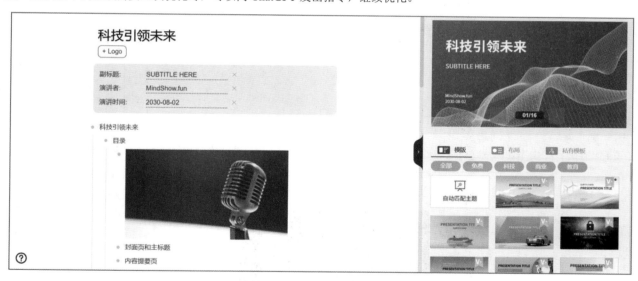

图 B07-4

04 Mindshow 提供了大量模板，在选择模板时注意切合主题含义。

◆ 简洁明了：科技引领未来的主题本身是非常宏大的，因此在设计 PPT 模板时，务必追求简洁明了，避免使用过多的文字和图表，以免让观众感到混乱。

◆ 科技感强：科技引领未来的主题与技术领域密切相关。

在 PPT 模板中，需要加入大量科技元素，如线条、图标、数字等，以强化科技感，并使内容更加生动有趣。

◆ 明确主题：为了让观众更好地理解 PPT 的主题，需要在模板中明确表达主题，可以通过主题色、主题图片等方式突出主题。

◆ 合理排版：在排版方面，需要合理安排文字和图片的位置，使 PPT 看起来整洁有序。同时，还需要考虑字体大小、颜色等因素，以确保内容易读易懂。

本案例模板采用蓝色为主题色，蓝色代表科技感，搭配线条设计，简单明了，不烦琐，效果如图 B07-5 所示。

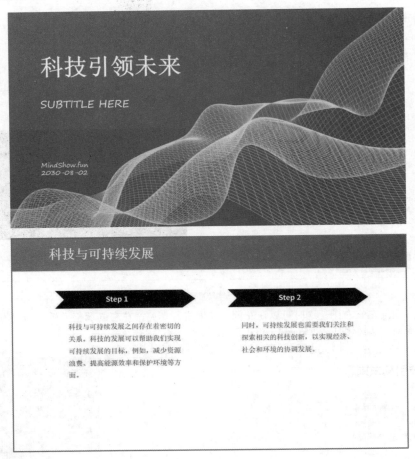

图 B07-5

05 如需在 PPT 中添加图片，可以通过上传图片或输入图片链接的方式，直接在文案区添加，如图 B07-6 所示。

图 B07-6

06 布局可根据每页文案的数量和类型进行选择，如图 B07-7 所示。

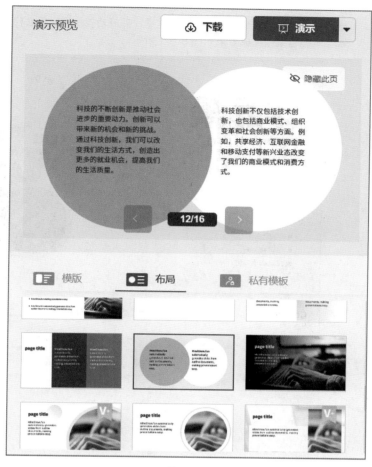

图 B07-7

07 文案、模板、布局都调整好之后，在界面上方单击【下载】按钮，如图 B07-8 所示，可以选择 PDF 或 PPTX 格式，PDF 格式可以在任何设备上查看，而 PPTX 格式可以再次进行修改。最终完成效果如图 B07-1 所示。

图 B07-8

小森是一位知名的设计师，在他的朋友圈中也有一定的声誉。一次同学聚会上，有位同学希望小森为自己制作一套用于面试的PPT，以展现自己的优势。小森将制作完成的PPT发送给同学，同学对小森的设计非常满意，并成功找到了一份心仪的工作。

本综合案例完成效果如图B08-1所示。

图 B08-1

设计思路

（1）确定表现形式、使用的文案和颜色方案，包括纯色、渐变色、透明色的合理搭配。

（2）添加文案信息和图标按钮。

B08.1　幻灯片设计

下面以封面页的设计为例，讲解图标和磨砂质感圆形效果的制作方法。

操作步骤

01 首先创建背景，使用【椭圆工具】创建两个圆形，分别填充颜色为橙色、蓝色。执行菜单栏中的【效果】-【模糊】-【高斯模糊】命令，为圆形添加模糊效果，将两个圆形呈对角摆放，如图B08-2所示。

图 B08-2

图 B08-3

02 使用【椭圆工具】创建一大一小的正圆，大的正圆填充为浅蓝色，小的正圆填充为深蓝色，效果如图 B08-3 所示。

03 为深蓝色小圆添加【图层样式】效果中的【内阴影】【投影】，参数设置分别如图 B08-4 和图 B08-5 所示，效果如图 B08-6 所示。

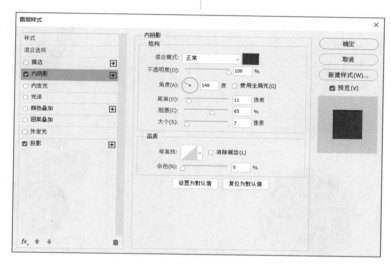

图 B08-4

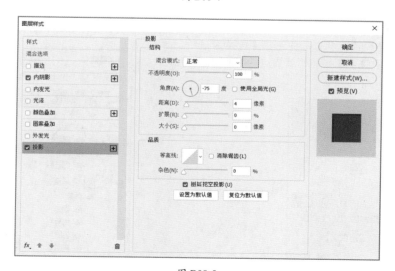

图 B08-5

图 B08-6

04 复制一个浅蓝色大圆，设置【填充】颜色为蓝色渐变，放置在底层并向右下方移动，参数设置及效果分别如图 B08-7 和图 B08-8 所示。

图 B08-7

图 B08-8

05 使用【横排文字工具】创建文字"Ps"，参数设置如图 B08-9 所示。在【图层】面板中右击并选择【转换为形状】选项，使用【直接选择工具】调整形状锚点，效果如图 B08-10 所示。

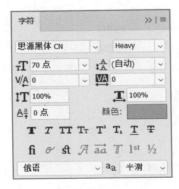

图 B08-9

图 B08-10

06 在【图层样式】中为字体添加【内阴影】和【投影】效果，如图 B08-11 所示。其他的图标也可以使用相同的制作方法，完成后添加一些标签装饰，效果如图 B08-12 所示。

图 B08-11

图 B08-12

07 使用【椭圆工具】绘制正圆，再通过【图层样式】添加图层效果，如图 B08-13 所示。

图 B08-13

图 B08-13（续）

08 使用【椭圆工具】创建一个与正圆等大的圆形，使用【横排文字工具】单击圆形的路径，创建文本，参数设置及效果分别如图 B08-14 和图 B08-15 所示。

图 B08-14

图 B08-15

09 最后添加主标题以及个人简介信息，并对这些文字进行排版，最终效果如图 B08-16 所示。其他页的设计思路与此类似，具体方法请观看视频，了解详细操作过程。

图 B08-16

B08.2　设计幻灯片中的动画效果

操作步骤

01 启动 WPS Office，新建【演示】，进行页面设置，在功能区中执行【设计】-【幻灯片大小】-【自定义大小】命令，进行页面设置。

02 将 Photoshop 中的素材导入 PPT 中，修改这些对象的名称，以方便之后制作动画。最后调整图层顺序，效果如图 B08-17 所示。

03 在页面中右击并选择【更改图片】选项，设置背景，如图 B08-18 所示。打开【幻灯片切换】面板，设置幻灯片切换效果为【平滑】，如图 B08-19 所示。

图 B08-17

图 B08-18

图 B08-19

04 将除标题之外的图层隐藏，在【动画窗格】面板中设置"标题"的动画效果，参数设置及效果分别如图 B08-20 和图 B08-21 所示。

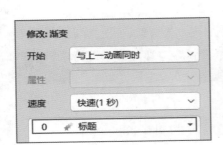

图 B08-20

图 B08-21

05 打开"技能"图层，设置其动画效果，参数设置及效果分别如图 B08-22 和图 B08-23 所示。

06 打开"介绍"图层并设置其动画效果，参数设置及效果分别如图 B08-24 和图 B08-25 所示。

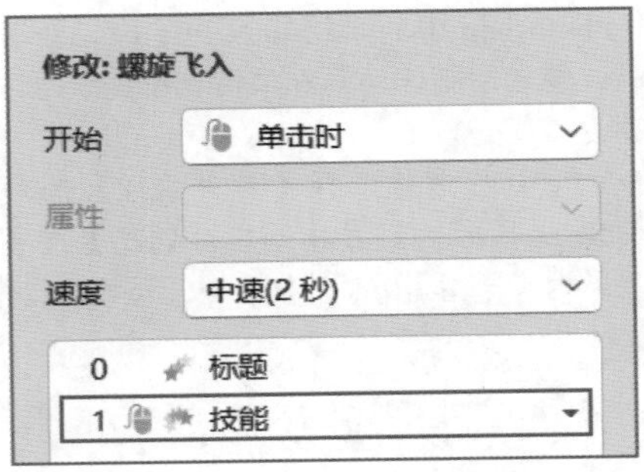

图 B08-22

图 B08-23

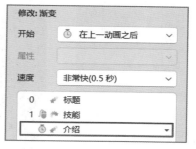

图 B08-24

图 B08-25

07 至此，本页面的动画效果就制作完成了，其他页面与本页面动画效果的制作方法相同，可根据自己的喜好添加其他动画效果。

读书笔记

综合案例

公司接到一个项目，需要为某科技公司制作一套企业宣传PPT，要求以蓝紫色为主题色，并在蓝紫色的基础上添加闪光效果。领导将这个任务交给了小森，小森顺利完成了任务，甲方对小森制作的PPT非常满意，并表示下个项目也会指定由小森完成。

本综合案例完成效果如图 B09-1 所示。

图 B09-1

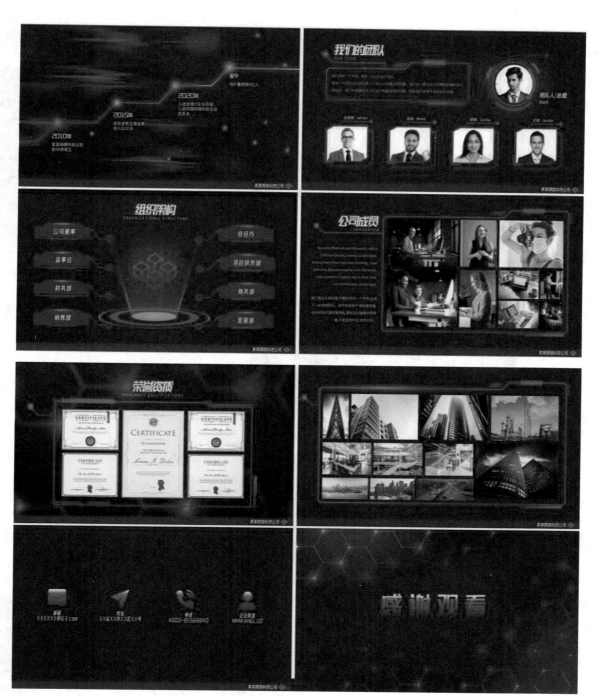

图 B09-1（续）

设计思路

（1）确定幻灯片主题和排版效果，确定文案信息、布局排版，设计颜色方案，包括纯色、渐变色、透明色的合理搭配。

（2）制作不同样式效果的背景。

（3）添加幻灯片文案信息，丰富元素内容。

B09.1　幻灯片设计

下面以封面页为例，讲解蓝紫色闪光背景的制作方法。

操作步骤

01 首先打开 Photoshop，新建文档，设置【宽度】为 2000 像素，【高度】为 1125 像素；选中【画板】复选框，设置【分辨率】为 200，【颜色模式】为 RGB 颜色。

02 打开"蓝紫色背景"素材，以该素材为 PPT 的主要设计元素，按 Ctrl+T 快捷键进行自由变换，将背景素材放大，如图 B09-2 所示。

03 单击【添加图层蒙版】按钮，为背景图层添加蒙版，然后使用【画笔工具】对背景进行擦除，制作半透明效果，如图 B09-3 所示。

图 B09-2

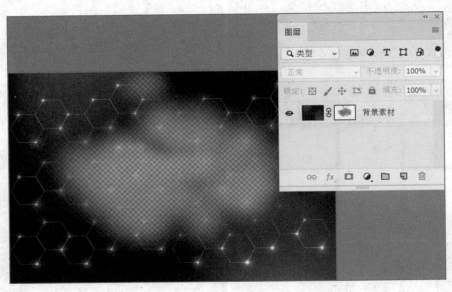

图 B09-3

04 创建文本，设置主标题为"某某网络科技公司"。右击文本图层并选择【转换为形状】选项，再为图层设置渐变描边（见图 B09-4），放在画板的居中位置，效果如图 B09-5 所示。

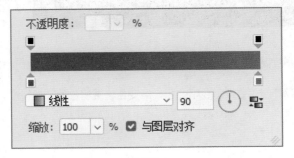

图 B09-4

图 B09-5

05 复制一个带渐变描边的"主标题"，右击并选择【栅格化图层】选项，执行【滤镜】-【模糊】-【径向模糊】

命令，弹出【径向模糊】对话框，选中【缩放】单选按钮，参数设置及效果分别如图 B09-6 和图 B09-7 所示。

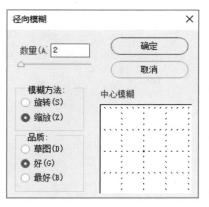

径向模糊
数量(A) 2
确定
取消
模糊方法:
旋转(S)
缩放(Z)
品质:
草图(D)
好(G)
最好(B)
中心模糊

图 B09-6

某某网络科技公司

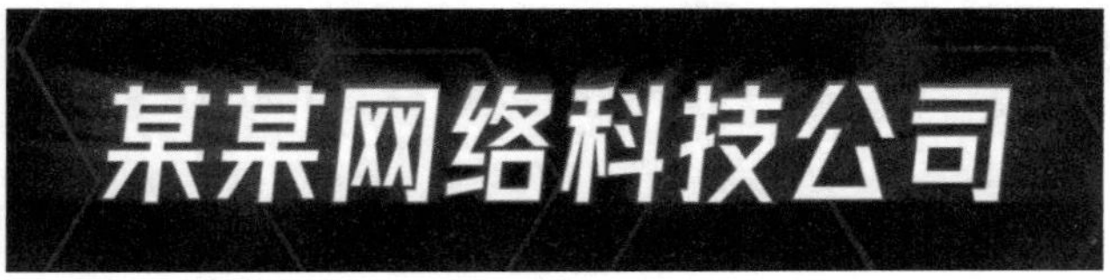

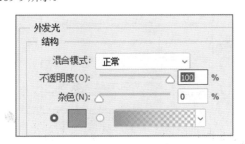

图 B09-7

06 再次使用【文字工具】创建小标题。使用【矩形工具】创建两个等大的圆角矩形，在【图层】面板中双击图层，打开【图层样式】对话框并添加【外发光】效果，然后为矩形添加黑白渐变蒙版，参数设置及效果分别如图 B09-8 和图 B09-9 所示。

外发光
结构
混合模式: 正常
不透明度(O): 100 %
杂色(N): 0 %

图 B09-8

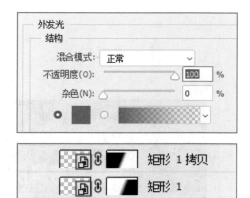

外发光
结构
混合模式: 正常
不透明度(O): 100 %
杂色(N): 0 %
矩形 1 拷贝
矩形 1

图 B09-8（续）

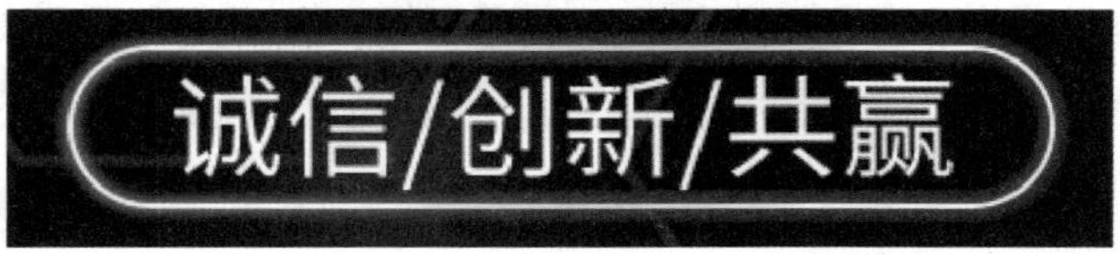

诚信/创新/共赢

图 B09-9

07 最后添加公司 LOGO 素材、光效素材以及装饰文案“GONGSIJIANJIE”，完善企业宣传 PPT 的封面设计，如图 B09-10 所示。其他页的幻灯片制作请观看视频，了解详细操作过程。

某某网络科技公司
诚信/创新/共赢
GONGSIJIANJIE

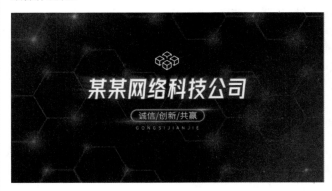

图 B09-10

B09.2 设计幻灯片中的动画效果

操作步骤

01 启动 WPS Office，新建【演示】。在功能区中执行【设计】-【幻灯片大小】-【自定义大小】命令，进行页面设置。

02 将 Photoshop 中的素材导入 PPT 中，修改这些对象的名称，以方便之后制作动画。最后调整图层顺序，如图 B09-11 所示。

图 B09-11

03 PPT 的所有背景素材填充色值为 R：14、G：0、B：55。在【对象属性】面板中，选中【纯色填充】单选按钮，设置填充色值为 R：14、G：0、B：55，参数设置如图 B09-12 所示。

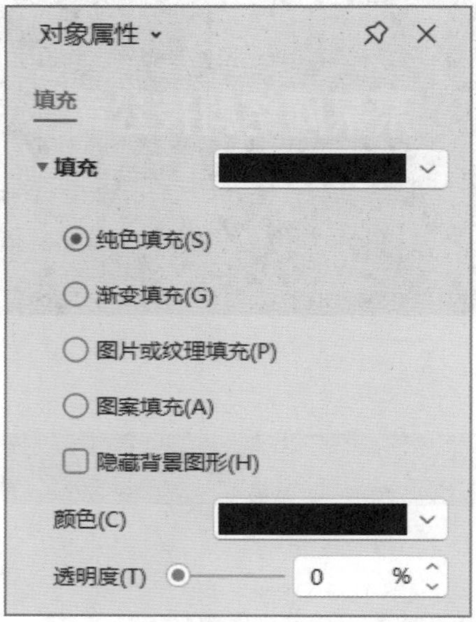

图 B09-12

04 在【动画窗格】面板中添加动画效果，选中素材，执行【添加效果】-【进入】-【温和型】-【下降】命令，参数设置及效果分别如图 B09-13 和图 B09-14 所示。

图 B09-13

图 B09-14

05 为光效素材添加动画效果（见图 B09-15）。在【动画窗格】面板中选中"蓝色光效"素材，执行【添加效果】-【进入】-【出现】命令，设置【开始时间】为【在上一动画之后】；选中"紫色光效"素材，也设置相同的进入动画，设置【开始时间】为【与上一动画同时】，如图 B09-16 所示。

图 B09-15

修改: 出现

开始	🕐 在上一动画之后 ∨
属性	∨
速度	∨

＊ 边框
＊ 诚信/创新/共赢: 诚信/创...
＊ 英文
🕐 ＊ 蓝色光效

修改: 出现

开始	与上一动画同时 ∨
属性	∨
速度	∨

＊ 边框
＊ 诚信/创新/共赢: 诚信/创...
＊ 英文
🕐 ＊ 蓝色光效
＊ 紫色光效

图 B09-16

06 为两个光效素材添加新动画效果。在【动画窗格】面板中选中"蓝色光效"素材，执行【添加效果】-【自定义路径】-【直线】命令，绘制一条从右到左的直线段；选中"紫色光效"素材，同样添加一个【直线】动画，直线

的方向为从左到右，参数设置如图 B09-17 所示，效果如图 B09-18 所示。

修改: 自定义路径

开始	🕐 在上一动画之后 ∨
路径:	解除锁定 ∨
速度	快速(1 秒) ∨

＊ 边框
＊ 诚信/创新/共赢: 诚信/创...
＊ 英文
🕐 ＊ 蓝色光效
＊ 紫色光效
🕐 ⤷ 蓝色光效

修改: 自定义路径

开始	与上一动画同时 ∨
路径:	解除锁定 ∨
速度	快速(1 秒) ∨

＊ 边框
＊ 诚信/创新/共赢: 诚信/创...
＊ 英文
🕐 ＊ 蓝色光效
＊ 紫色光效
🕐 ⤷ 蓝色光效
⤷ 紫色光效

图 B09-17

图 B09-18

07 添加封面的标题字发光动画。在【动画窗格】面板中选中"模糊发光"素材，执行【添加效果】-【进入】-【细微型】-【渐变】命令添加【模糊发光】动画，如图 B09-19 所示，效果如图 B09-20 所示。

图 B09-19

图 B09-20

08 最后，打开【幻灯片切换】面板，设置幻灯片切换效果为【平滑】，【效果选项】为对象，【速度】为 01.00 秒，参数设置如图 B09-21 所示。

09 至此，本页面动画效果就制作完成了，如图 B09-22 所示。其他页面动画效果与本页面的制作方法相同，可根据自己的喜好添加其他动画效果。

图 B09-21

图 B09-22

上次小森制作的科技 PPT 让甲方非常满意，这次甲方特别指定小森制作一套商业计划书，同样以蓝紫色为主题。小森制作完成后，甲方再次表示非常满意。领导决定提拔小森为设计主管。

本综合案例完成效果如图 B10-1 所示。

图 B10-1

设计思路

（1）PPT 设计要简洁明了，应该突出主要信息，避免出现过多的文字和复杂的图表，以便使读者能够快速理解核心内容。

（2）通过使用标题、子标题和分段落，将商业计划书的

各个部分组织起来，使读者能够清晰地了解整个计划的逻辑和流程。

（3）选择适合商业计划主题的颜色，避免使用过于刺眼的颜色，以保持整体的统一性和专业感。

B10.1 幻灯片设计

下面以封面页为例，讲解蓝紫色色块背景的制作方法。

操作步骤

01 首先打开 Photoshop 软件，新建文档，设置【宽度】为 1920 像素，【高度】为 1080 像素；选中【画板】复选框，设置【分辨率】为 72，【颜色模式】为 RGB 颜色。

02 使用【矩形工具】绘制与画板同等大小的矩形，填充颜色为 R：17、G：3、B：72，再次绘制矩形，填充颜色依次为 R：3、G：52、B：143；R：40、G：20、B：127；R：19、G：6、B：85，并进行排版设计，如图 B10-2 所示。

图 B10-4

04 其他文字与"商"字制作方法相同，这里不再赘述。选中"英文"图层，双击图层打开【图层样式】对话框，设置【渐变叠加】为蓝紫色效果，参数设置及完成效果如图 B10-5 所示。

图 B10-2

03 使用【文字工具】输入标题"商业计划书"，进行文字排版，双击文字图层打开【图层样式】对话框，添加【斜面和浮雕】效果，效果如图 B10-3 所示。对文字进行分割模糊处理，例如"商"，文字整体填充为黄色，分割处填充为白色，设置【不透明度】为 86%，执行【滤镜】-【高斯模糊】命令。最后复制文字部分区域，向右移动并缩小，设置【不透明度】为 22%，效果如图 B10-4 所示。

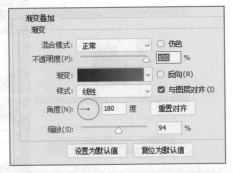

图 B10-3

图 B10-5

05 最后添加封面背景元素。使用【文字工具】输入"商"字，对其填充为白色，设置【不透明度】为10%，执行【滤镜】-【高斯模糊】命令，分步放置在界面中，完成效果如图B10-6所示。其他页的幻灯片制作请观看视频了解详细操作过程。

图 B10-6

B10.2　设计幻灯片中的动画效果

操作步骤

01 启动 WPS Office，新建【演示】。在功能区中执行【设计】-【幻灯片大小】-【自定义大小】命令，进行页面设置。

02 将 Photoshop 中的素材导入 PPT 中，修改这些对象的名称，方便之后制作动画。最后调整图层顺序，效果如图 B10-7 所示。

03 在页面中右击并选择【更改背景图片】选项，效果如图 B10-8 所示。设置幻灯片切换方式为【平滑】，如图 B10-9 所示。

图 B10-7

图 B10-8

图 B10-9

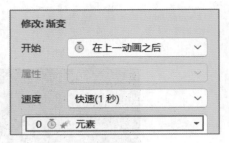

图 B10-10

04 将除"元素"之外的图层隐藏，设置其动画效果，如图 B10-10 所示。

05 打开"商"图层并设置其动画效果，如图 B10-11 所示。其他图层按刚才调整的顺序设置动画效果，这里不再赘述。

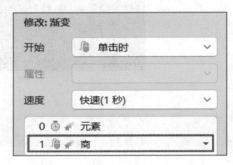

图 B10-11

06 至此，本页面动画效果就制作完成了，其他页面动画效果与本页面的制作方法相同，可根据自己的喜好添加其他动画效果。

读书笔记

领导给小森安排了一个紧急任务，要求快速完成一套 PPT 的设计方案和制作。小森灵机一动，决定利用人工智能 ChatGPT 快速生成方案并制作 PPT。领导对小森制作完成的 PPT 非常满意。

本综合案例的完成效果如图 B11-1 所示。

图 B11-1

设计思路

（1）使用 ChatGPT 生成 PPT 每个页面的文案信息。

（2）将文案导入 Mindshow 中并选择 PPT 模板。

（3）在 Photoshop 中进行元素排版并添加毛玻璃等效果。

（4）导出页面元素内容并置入 PPT 中设置动画。

B11.1　幻灯片设计

操作步骤

01 首先使用 ChatGPT 生成设计文案。在 ChatGPT 中输入需求，每个 PPT 都有封面和结尾页，页面文字不少于 500 字。大部分区域将用于放置图片等信息，所以将必须要有的页面及内容告知人工智能。

例如，在 ChatGPT 中输入如下需求。

请帮我创建一个以"企业规划"为主题的 PPT 文档，遵循以下要求。

1. 有封面页和结尾页，并包含主标题

2. 有内容提要页

3. 总页数：8 页

4. 每页面内容文字不少于 500 字

5. 请用 markdown 源代码块输出

随后得到 PPT 设计文案的 markdown 源代码，如图 B11-2 所示。

以下是一个以《企业规划》为主题的PPT文档的Markdown源代码块示例：

```markdown
# 企业规划

---

## 内容提要

本次企业规划主要包括以下内容:
1. 公司背景与目标
2. 市场分析与竞争策略
3. 组织架构与人力资源规划
4. 财务规划与预算
5. 产品/服务规划与研发创新
6. 销售与市场推广策略
7. 风险管理与应对策略
8. 发展战略与未来展望

---

# 封面页

## 主标题:企业规划

---

# 公司背景与目标

## 公司背景
```

图 B11-2

02 当生成的文案令人不满意或需要进一步优化时，可以继续向 ChatGPT 发出指令，例如，输入"公司背景与目标"即可生成所需的文本，如图 B11-3 所示。其他页面内容的润色调整与此操作相同。

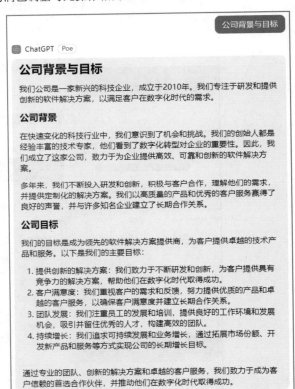

图 B11-3

03 文案优化完成后，单击代码块右上角的 Copy 按钮，将其粘贴到 Mindshow 内容框中，单击【导入创建】按钮，如图 B11-4 所示。

04 创建 PPT 后的界面布局为左文右图，左侧可以对文案进行调整，右侧可以调整模板和布局方式，如图 B11-5 所示。子页面的布局可根据每页文案的数量和类型选择，如图 B11-6 所示。

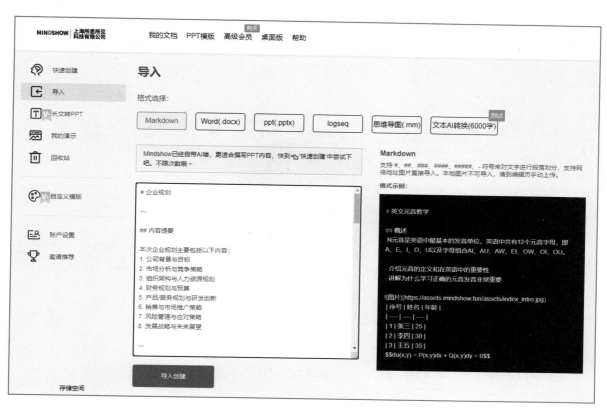

图 B11-4

图 B11-5

图 B11-6

05 文案、模板、布局都调整好之后，单击界面上方的【下载】按钮，有 PDF 和 PPTX 两种格式可供选择，根据需要进行下载即可完成，如图 B11-7 所示。

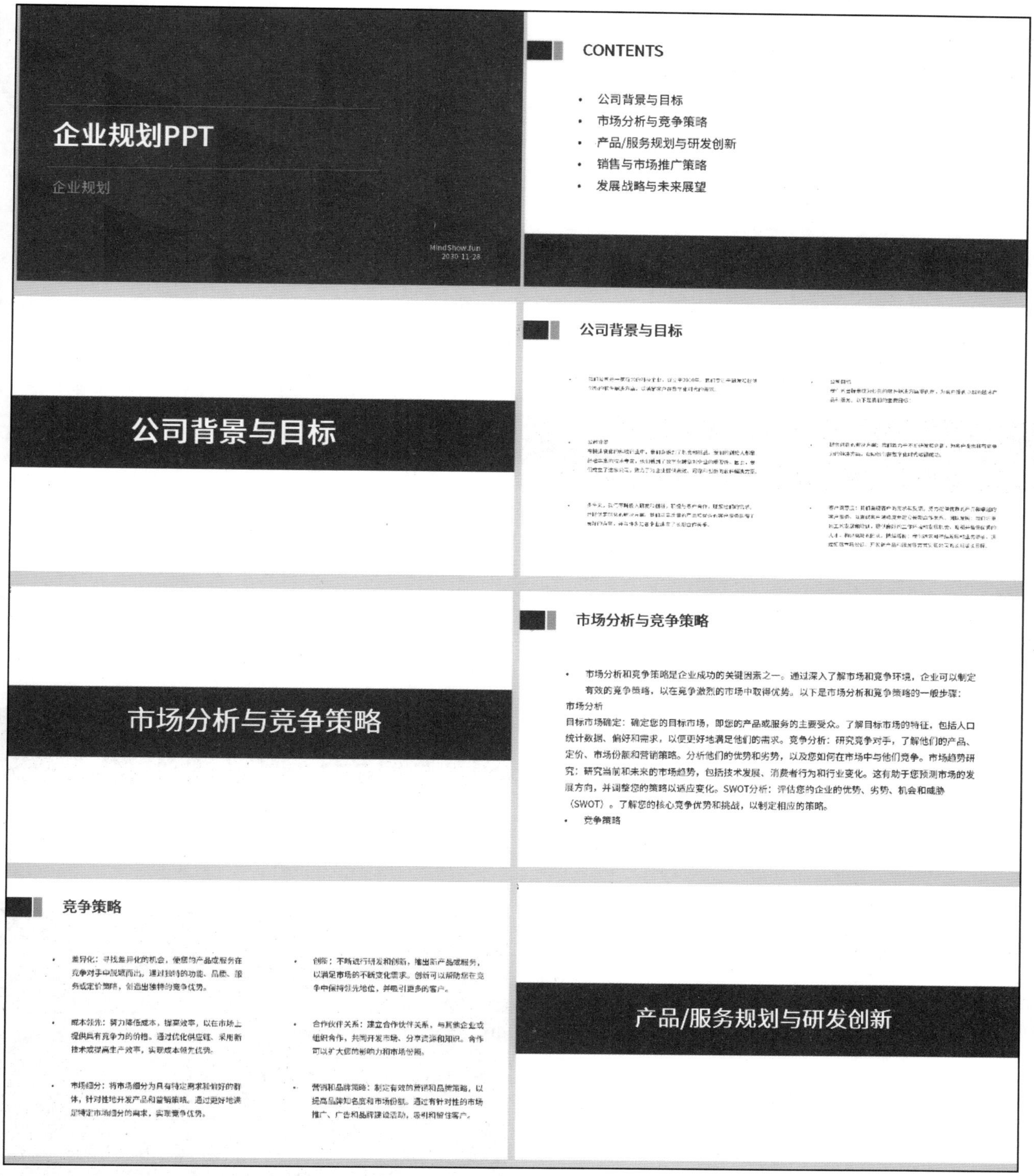
企业规划PPT
企业规划
MindShow.fun
2030-11-28
CONTENTS
公司背景与目标
市场分析与竞争策略
产品/服务规划与研发创新
销售与市场推广策略
发展战略与未来展望
公司背景与目标
公司背景与目标
市场分析与竞争策略
市场分析与竞争策略
市场分析和竞争策略是企业成功的关键因素之一。通过深入了解市场和竞争环境，企业可以制定有效的竞争策略，以在竞争激烈的市场中取得优势。以下是市场分析和竞争策略的一般步骤：
市场分析
目标市场确定：确定您的目标市场，即您的产品或服务的主要受众。了解目标市场的特征，包括人口统计数据、偏好和需求，以便更好地满足他们的需求。竞争分析：研究竞争对手，了解他们的产品、定价、市场份额和营销策略。分析他们的优势和劣势，以及您如何在市场中与他们竞争。市场趋势研究：研究当前和未来的市场趋势，包括技术发展、消费者行为和行业变化。这有助于您预测市场的发展方向，并调整您的策略以适应变化。SWOT分析：评估您的企业的优势、劣势、机会和威胁（SWOT）。了解您的核心竞争优势和挑战，以制定相应的策略。
竞争策略
竞争策略
差异化：寻找差异化的机会，使您的产品或服务在竞争对手中脱颖而出。通过独特的功能、品质、服务或定价策略，创造出独特的竞争优势。
成本领先：努力降低成本，提高效率，以在市场上提供具有竞争力的价格。通过优化供应链、采用新技术或提高生产效率，实现成本领先优势。
市场细分：将市场细分为具有特定需求和偏好的群体，针对性地开发产品和营销策略。通过更好地满足特定市场细分的需求，实现竞争优势。
创新：不断进行研发和创新，推出新产品或服务，以满足市场的不断变化需求。创新可以帮助您在竞争中保持领先地位，并吸引更多的客户。
合作伙伴关系：建立合作伙伴关系，与其他企业或组织合作，共同开发市场、分享资源和知识。合作可以扩大您的影响力和市场份额。
营销和品牌策略：制定有效的营销和品牌策略，以提高品牌知名度和市场份额。通过有针对性的市场推广、广告和品牌建设活动，吸引和留住客户。
产品/服务规划与研发创新

图 B11-7

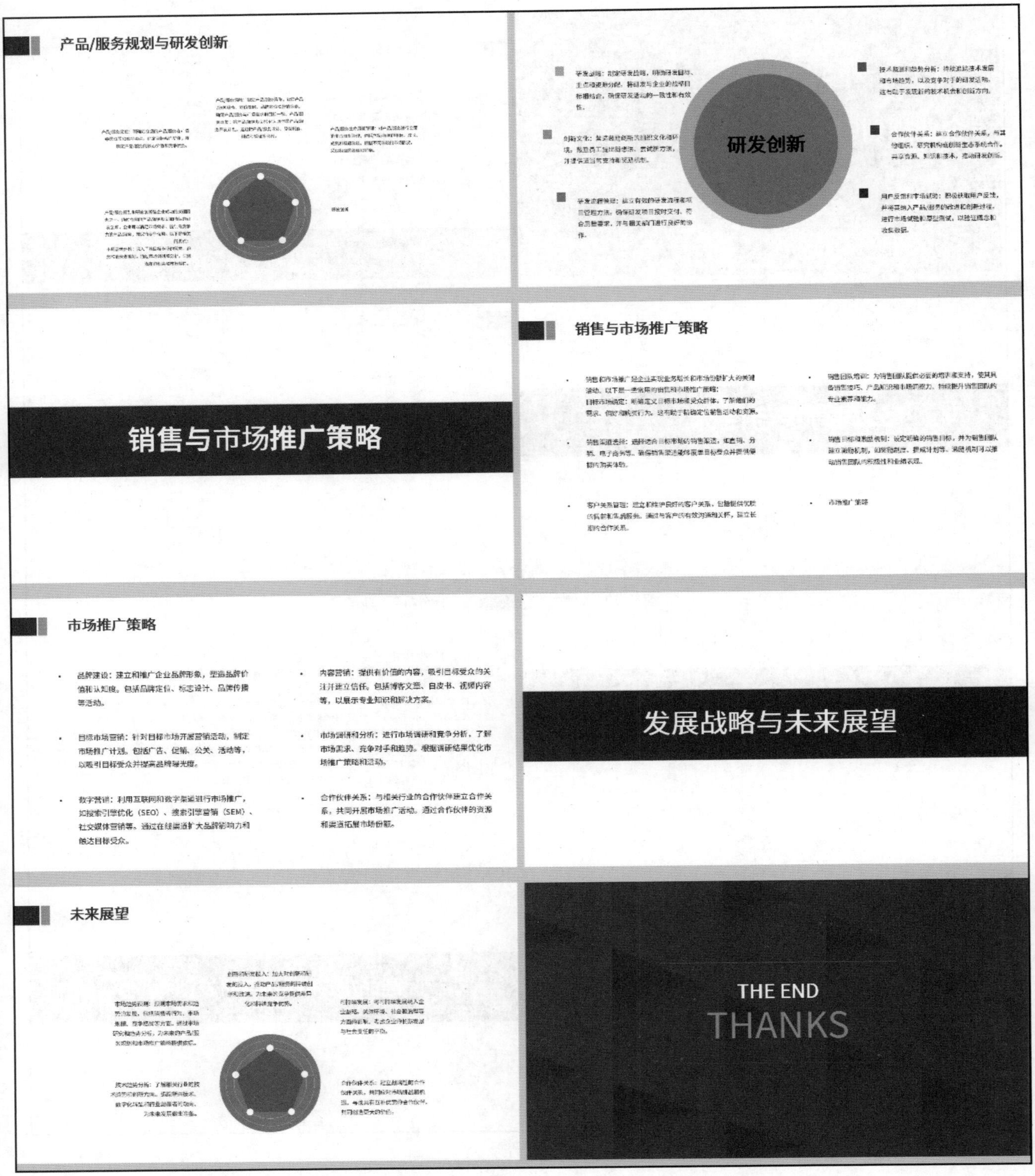
产品/服务规划与研发创新
研发创新
销售与市场推广策略
销售与市场推广策略
市场推广策略
品牌建设：建立和推广企业品牌形象，塑造品牌价值和认知度。包括品牌定位、标志设计、品牌传播等活动。
目标市场营销：针对目标市场开展营销活动，制定市场推广计划。包括广告、促销、公关、活动等，以吸引目标受众并提高品牌曝光度。
数字营销：利用互联网和数字渠道进行市场推广，如搜索引擎优化（SEO）、搜索引擎营销（SEM）、社交媒体营销等。通过在线渠道扩大品牌影响力和触达目标受众。
内容营销：提供有价值的内容，吸引目标受众的关注并建立信任。包括博客文章、白皮书、视频内容等，以展示专业知识和解决方案。
市场调研和分析：进行市场调研和竞争分析，了解市场需求、竞争对手和趋势。根据调研结果优化市场推广策略和活动。
合作伙伴关系：与相关行业的合作伙伴建立合作关系，共同开展市场推广活动。通过合作伙伴的资源和渠道拓展市场份额。
发展战略与未来展望
未来展望
THE END
THANKS

图 B11-7（续）

06 在 Photoshop 中对制作好的 PPT 页面进行优化。以封面页为例，首先将 PPT 中的页面保存为"背景"素材；打开 Photoshop 软件，新建文档，设置【宽度】为 2000 像素,【高度】为 1125 像素；选中【画板】复选框，设置【分辨率】为 200,【颜色模式】为 RGB 颜色。

07 置入"背景"素材，执行【图层】-【新建调整图层】-【色相／饱和度】命令，新建"色相／饱和度"图层，参数设置与效果如图 B11-8 所示。

图 B11-8

08 使用【文字工具】分别输入 "2""0""3""0"，在【图层】面板右下角单击【图层蒙版】按钮对其分别添加图层蒙版，使用【渐变工具】为文字制作效果，如图 B11-9 所示。

图 B11-9

09 组合使用【直线段工具】和【文字工具】制作页面文案信息，页面最终摆放效果如图 B11-10 所示。

图 B11-10

⑩ 制作目录页。复制首页"背景"图层和"色相／饱和度"图层到画板中，使用【矩形选框工具】选中左边一半图形进行复制，对图层使用【渐变工具】制作渐变效果，在右侧绘制白色矩形。绘制圆形，关闭填充，设置白色【描边】为16像素，使用【直接选择工具】选中圆形下方描边进行删除，如图B11-11所示。随后在选项栏中将描边【端点】设置为圆形，添加【内发光】效果，如图B11-12所示。在两端绘制深灰色圆形作为投影部分，效果如图B11-13所示。

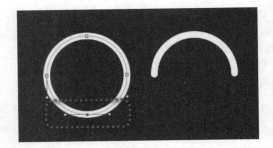

图 B11-11

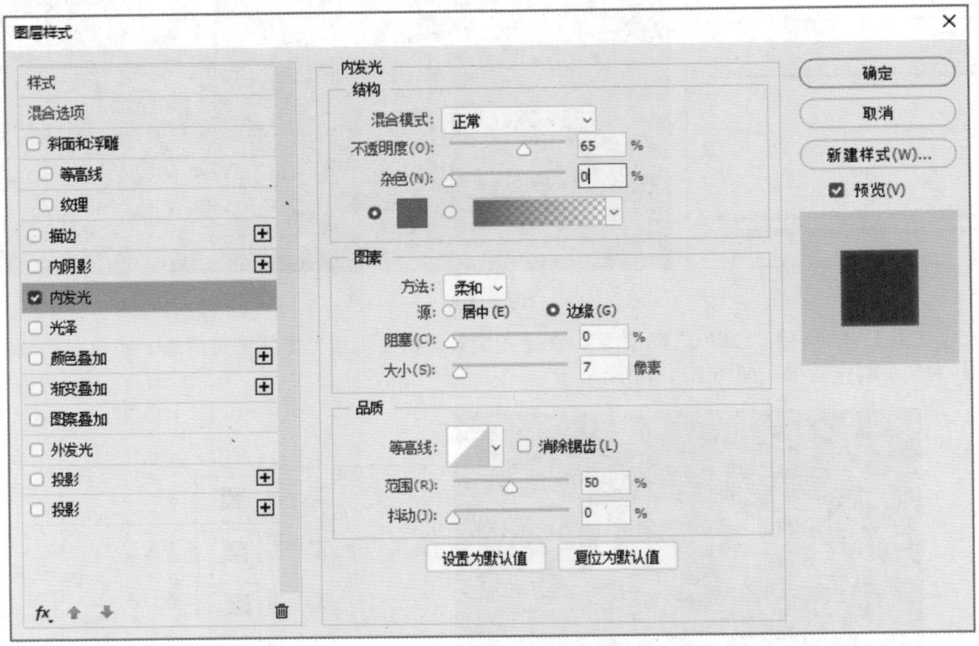

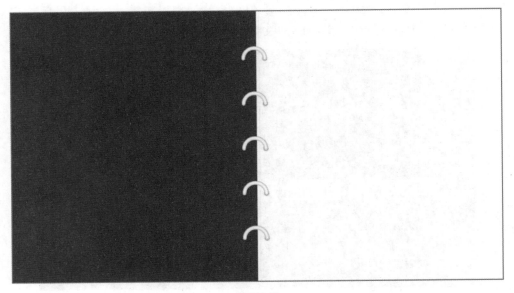

图 B11-12

图 B11-13

11 组合使用【矩形工具】和【文字工具】制作页面内容，效果如图 B11-14 所示。

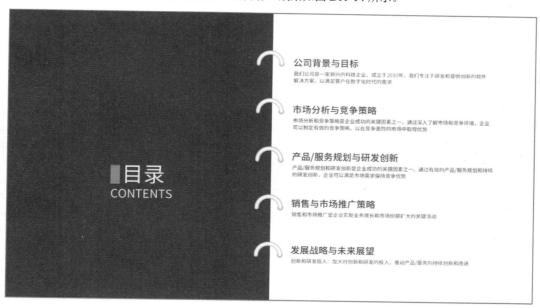

图 B11-14

12 制作标题页。复制首页"背景"图层和"色相 / 饱和度"图层到画板中，使用【矩形选框工具】绘制选区进行复制。在背景下方绘制黄色矩形，摆放效果如图 B11-15 所示。

图 B11-15

13 在蓝色背景上方右侧区域绘制选区，使用【渐变工具】绘制选区制作渐变效果。使用【文字工具】输入标题，效果如图 B11-16 所示。其他标题页与其制作方法一致，这里不再赘述。

公司背景与目标

我们公司是一家新兴的科技企业，成立于2010年。我们专注于研发和提供创新的软件
解决方案，以满足客户在数字化时代的需求

市场分析与竞争策略

市场分析和竞争策略是企业成功的关键因素之一。通过深入了解市场和竞争环境，
企业可以制定有效的竞争策略，以在竞争激烈的市场中取得优势

图 B11-16

14 制作内容页。绘制形状制作强调内容的效果，分别放置在画板的上下位置。组合使用【矩形工具】和【文字工具】
绘制标题，效果如图 B11-17 所示。

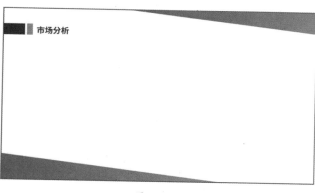

图 B11-17

⑮ 使用【钢笔工具】绘制形状，设置蓝色【描边】为 2 像素，【描边选项】为虚线，参数设置和效果如图 B11-18 所示。

图 B11-18

⑯ 绘制形状并添加渐变效果，再绘制浅灰色矩形，参数设置及效果分别如图 B11-19 和图 B11-20 所示。

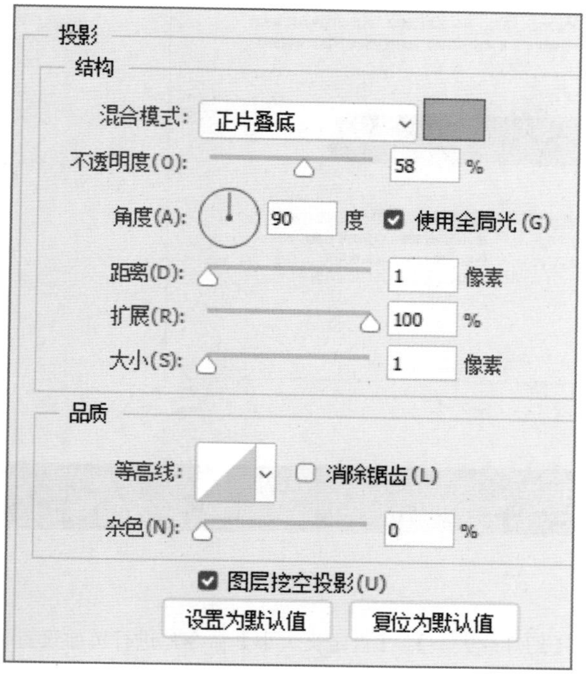

投影

结构

混合模式： 正片叠底

不透明度(O)： 58 %

角度(A)： 90 度 ☑ 使用全局光(G)

距离(D)： 1 像素

扩展(R)： 100 %

大小(S)： 1 像素

品质

等高线： □ 消除锯齿(L)

杂色(N)： 0 %

☑ 图层挖空投影(U)

设置为默认值　复位为默认值

图 B11-19

图 B11-20

⑰ 绘制蓝色矩形并放置在浅灰色矩形上方，执行【滤镜】-【模糊】-【高斯模糊】命令，右击其图层并选择【创建剪贴蒙版】选项，参数设置及效果如图 B11-21 所示。最后输入文案信息，如图 B11-22 所示。

高斯模糊　　　　　　　　　　　×

确定

取消

☑ 预览(P)

100%

半径(R)： 3.8 像素

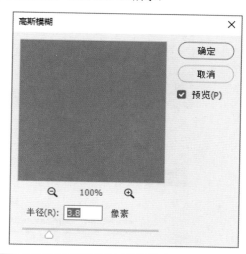

图 B11-21

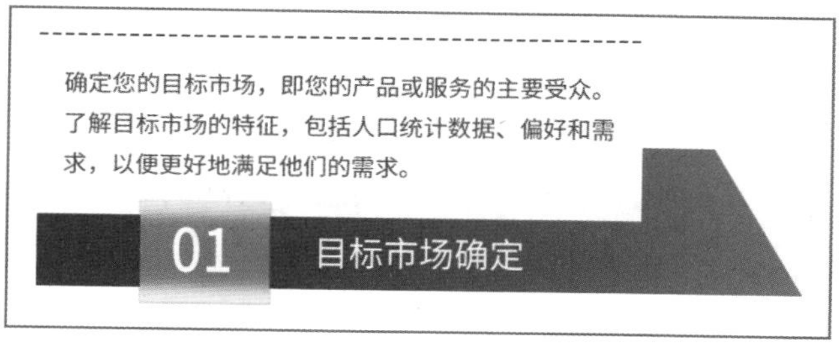

确定您的目标市场，即您的产品或服务的主要受众。了解目标市场的特征，包括人口统计数据、偏好和需求，以便更好地满足他们的需求。

01 目标市场确定

图 B11-22

18 复制两个刚才制作好的项目图形，对其中一个图形的颜色进行修改，最终排版效果如图 B11-23 所示。其他页面的制作与此类似，这里不再赘述，效果如图 B11-24 所示。

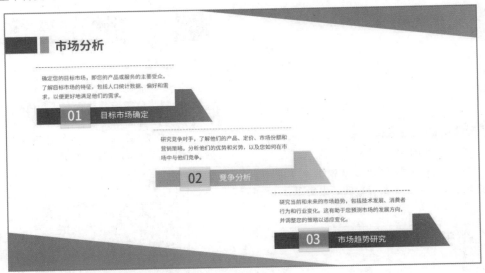

图 B11-23

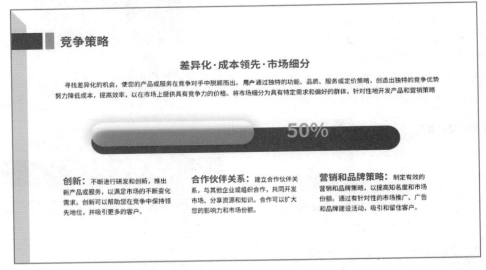

图 B11-24

B11.2 设计幻灯片中的动画效果

操作步骤

01 启动 WPS Office，新建【演示】。在功能区中执行【设计】-【幻灯片大小】-【自定义大小】命令，进行页面设置。

02 在页面中右击并选择【更改背景图片】选项，将 Photoshop 中的素材导入 PPT 中，修改这些对象的名称，方便之后制作动画。最后调整图层顺序，如图 B11-25 所示。

03 设置幻灯片切换效果为【平滑】，如图 B11-26 所示。将除"2030"之外的图层隐藏，设置"2030"的动画效果，如图 B11-27 所示。

图 B11-25 图 B11-26

图 B11-27

04 打开"标题"图层并设置其动画效果，如图 B11-28 所示。

图 B11-28

05 打开"汇报人"图层并设置其动画效果，如图 B11-29 所示。

图 B11-29

06 目录页制作。在页面中右击并选择【更改背景图片】选项，将 Photoshop 中的素材导入 PPT 中，修改这些对象的名称，如图 B11-30 所示。

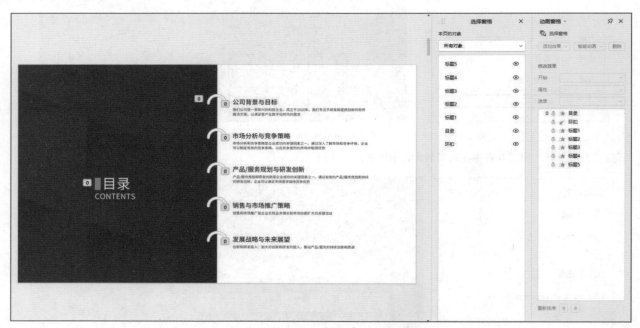

图 B11-30

07 设置幻灯片切换效果为【淡出】，如图 B11-31 所示。将除"目录"之外的图层隐藏，设置"目录"的动画效果，如图 B11-32 所示。

图 B11-31 图 B11-32

08 打开"环扣"图层并设置其动画效果，如图 B11-33 所示。

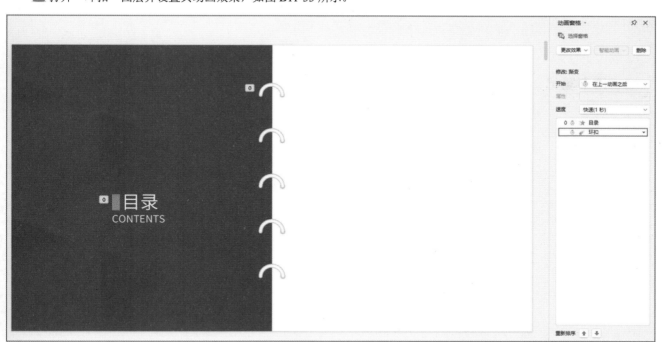

图 B11-33

09 打开标题 1 ～标题 4 图层并设置其动画效果，参数相同，如图 B11-34 所示。

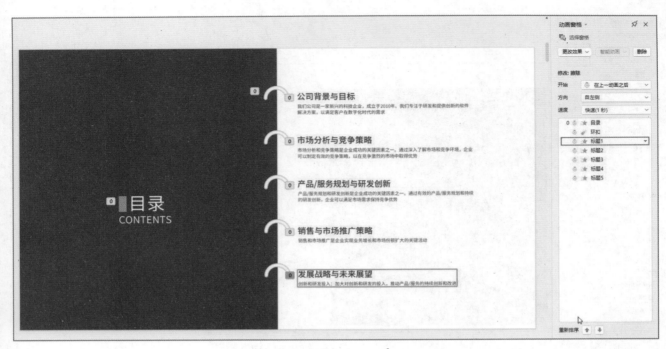

图 B11-34

10 至此，本页面的动画效果就制作完成了，其他页面动画效果与本页面的制作方法相同，可根据自己的喜好添加其他动画效果。